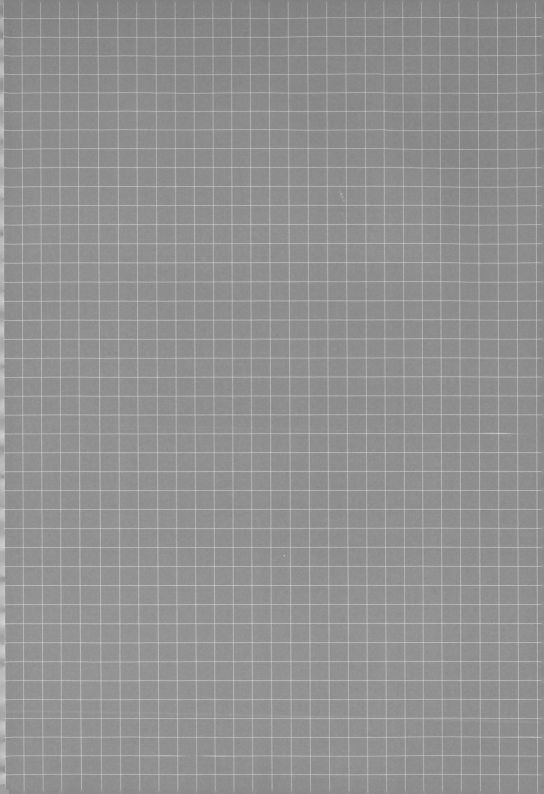

0秒說明！遠距工作！

立即見效的

紙一張簡報術

Work From Home的「無聲達標」簡報聖經

淺田卓——著 婁愛蓮——譯

説明0秒! 一発OK! 驚異の「紙1枚!」プレゼン

前言

口才不好？那就學會「不開口也能讓人點頭」！

感謝你拿起這本書，雖然標題有點誇張聳動，不過內容是實在又實用的。或許你翻閱時會心存疑惑，覺得我在吹牛，但請務必讀到最後。

市面上教人寫報告或做簡報的書如汗牛充棟，也許你讀過好幾本，又或許這是你第一次閱讀商管書。無論如何，先讓我說明本書的三大重點。

和其他同類型書籍相比，本書有什麼特別之處呢？

那就是**「時代性」**、**「不變性」**，以及內容上的**「稀有性」**。

先來談**「時代性」**。

二〇一五年，我以《在TOYOTA學到的「紙一張」整理術》（天下雜誌）一書，正式邁入作家行列。該書除了獲得當月商業類排行榜冠軍，更創下年度銷售排行第四名的佳績（根據日本「全國出版協會」發表的統計數字）。承蒙大批讀者厚愛，該書累計銷量高達二十五萬冊，版權更賣到海外，在五個國家翻譯出版，成為名副其實的暢銷書、長銷書（截至目前為止）。

除了以作家之身活動，我平日也是從事「教育工作」的在職教育講師，並透過企業內訓或公開演講，接觸全國各地的商務人士。我直今仍會收到許多以該書為主題的演講邀約，故累計聽講人次超過一萬人。

不過，那本書出刊至今有五年了。這五年期間，我們身處的商務溝通環境面臨了劇烈的變化。

特別是日本實施勞動改革後，出現了多樣化的工作形態。（本書付梓前新冠肺炎疫情爆發，相信疫情會加速變化的腳步）

我的上班族生涯大半是在豐田汽車公司（TOYOTA，以下簡稱豐田）度過的。就連豐田的東京本社，也傳出打算在東京奧運期間（編按：原訂於二〇二〇年舉辦，因新冠疫情延期）讓員工在家辦公的新聞。當年我還任職豐田時，要在公司以外的地方上班必須遵守非常嚴格的規範，光是勞務管理那關就過不了。

所以，現在這種不用進公司「不打卡也能順利工作」的劇烈變化著實教人吃驚。但這項變化不會是單一個案，不論你任職的公司規模是大是小，是否也出現了類似巨變呢？

坐上搖晃的通勤電車，出發前往辦公室。看看時間差不多了，就從自己的座位站起來到會議室集合開晨間例會。手邊拿著剛發的資料，前方布幕上投射著簡報投影片。你在昏暗的會議室中，一邊觀看投影片，一邊對照資料，聆聽簡報者的說明。必要時舉手發言、提問、討論，經過一番攻防戰後做出決策，會議結束。

這個風景堪稱日本企業長久以來的常態，所以過去出版的商業書，大半都是以這種場景為前提來書寫。

反觀完成於二〇二〇年的本書，我認為應該配合變化中的企業環境，針對寫報告、做簡報，提出更有新意的想法或手法。比方說：

- 當遠距會議或洽商需求不斷增加，該如何準備簡報資料？
- 要如何活用「商務通訊軟體」和「電子郵件」進行溝通？
- 我們是否該盲目接受「全程數位化」的工作形式？這樣真的好嗎？

我基於這些環境變化而下筆。而且也透過平日與各行各業、各類職務的工作人對話，持續調整書中的內容，所以我相信其中一定會有觸及你感到困擾或重視的部分，請務必善加利用。

本書第二個特點是**「不變性」**。

目前的商務溝通環境發生了明顯的變化，而人們也習慣把焦點擺在「已經改變的部份」。然而，難道就沒有「不變」或「不得改變」的地方嗎？

不管時代或環境如何變化，一些思想或世界觀仍具有價值，亦即「本質」。製作報告或進行簡報時，若沒有先掌握住本質，而硬改成全新的溝通模式，反而無法將訊息傳達出去。明明想讓溝通更有效率，結果卻浪費更多時間在說明上，這根本是本末倒置。

詳細內容會在第一章進行說明，但現在先提一點，那就是**「製作報告的本質在於精煉思考」**。

我們之所以製作報告，不只是為了「做簡報時會用到」，而是在整理過程中，順便「深思」自己負責的業務。

- 我目前負責的業務中「最大的困難」是什麼？
- 進行這項計畫時，什麼是我「應有的態度」？
- 這次提案「到底是為了什麼目的」而實行？

藉由自問自答，我們得以一邊跟資料對話，一邊「精煉思考」，最終讓反覆思索出來的文字呈現在文件上。唯有透過這個過程，我們簡報時才能充滿自信地侃侃而談。

然而，在高呼「無紙化」的現在，聽說有些公司甚至「嚴禁書面報告」。就算沒有那麼極端，對於實施在家工作或使用商務通訊軟體的企業來說，想必員工準備書面資料的需求只會越來越少。

我絕對不否定或反對這種溝通模式。

只是，這等同於失去為自己擔負的業務進行「精煉思考」的機會，希望讀者能意識到這一點。既然如此，是否有其他製作報告以外的形式，讓我們保有精煉想法的機會呢？

第二章會介紹紙一張「簡報資料製作法」。它其實是第一章紙一張**「思考整理術」**的延伸，你不妨當成一種「思考精煉法」，而這也是任何時代都需要的能力。只要徹底實踐書中內容，你就能靠「紙一張」提升這份能力。不論是寫報告或做簡報，都能對平日的商務溝通帶來助益。

用符合「時代」的形式提升不變的能力，這就是「不變性」的意涵。

最後一項與其他同類書籍的不同之處，就是**「稀有性」**。

我原本也很不擅長簡報，但如今卻有機會到日本各地演講，專門教人如何改善商務溝通能力。另外，我也在商學院或線上論壇授課，教過的學生不計其數。

以前的我面對一群人做簡報時，常常講到一半不知道自己在講什麼，也不知道如何向主管做提案，每天都因為煩惱而導致工作停滯不前。

這時，豐田的「紙一張」文化解救了我。

該公司有個不成文的規定，就是溝通時盡可能「不空手做口頭報告」，手邊至少要有「一張」資料，讓雙方得以邊看資料邊進行提案、報告、聯繫或討論。對不擅長溝通的我而言，這是非常棒的公司文化。在準備的過程中，我可以篩選、精煉自己負責的工作。以至於我這種口拙的人也能充滿自信地做簡報。因為只要把反覆思索後寫下的「紙一張」給對方看，根本「不用多說什麼，對方就理解了」。

這點會在第三章詳加說明，而我認為簡報的本質是：

Silence is Goal.（是「無聲達標」而非「沉默是金」喔）

換句話說，我希望大家明白**「簡報的目標＝盡量達到不開口也能達成目標的境界」**。你將在本書學會「紙一張」的簡報能力，而「**Silence is goal**（**無聲達標**）」便是其中心思想。既然幾乎不用講話，自然能夠「節省時間」。

從前得花三十分鐘才能完成的簡報現在只要十分鐘，多練習幾次後，說不定一分鐘內就能搞定！或許有不少人看到書名時會想：「0秒說明簡報？怎麼可能？」但這絕對不是噱頭，是有可行性的。

儘管聽起來像天方夜譚，但我後面會交代如何完成**「0秒說明」的簡報**。沒錯，這就是本書有別於其他書籍的一大特徵：「稀有性」。

內容都是依據曾經不擅長做簡報的我，親身經歷如何透過紙一張資料整理術成功克服障礙的故事。

許多簡報書都是由充滿個人魅力的作者所撰寫。不過，你是否也有莫名吸引人的特質呢？如果是，就不需要讀這本書了，只要繼續發揮個人魅力即可。

但如果你跟從前的我一樣，既不擅長簡報，也不擅長與人交流，並且真心希望**「不開**

口就能完成工作」的話，那麼本書絕對是你必備的「案頭書」。

倘若前言有任何地方引起你的共鳴，請務必讀到最後。

紙一張 works 株式會社（1 Sheet Frame Works）

董事長　淺田卓

目錄

第一章

紙一張「思考整理術」

第二章 紙一張「資料製作法」

第三章

紙一張「0秒簡報術」

序　章

從0張到一張

打動人的前提：篩選出關鍵字

非常感謝你決定閱讀本書。儘管想趕快進入正題，具體說明如何做出「解說0秒的紙一張」簡報，但事前準備也很重要。請容許我先以序章開場，從大方向說起吧！所謂「大方向」，指的就是你每天工作的職場，或說每天面臨的環境變化。不過，請別擔心，本書不是什麼學術論文，不會談論太難懂的理論。

只是，我希望能先讓你了解，紙一張簡報是建立什麼樣的商業環境上。

一旦有了共識，當你日後實踐過程中遇到疑問時，就能靠自己思考、整理出答案了。「為什麼要這麼做？」「這種順序有什麼用意？」這些問題，都將以序章為出發點來找出答案。我會盡量深入淺出地做說明。

前言中提到，自從二〇一五年拙作《在TOYOTA學到的「紙一張」整理術》出版後，邀我擔任企業內訓講師和演講的邀約大幅增加。下面是我與其中一家大企業接洽時的談話內容，對方的人資負責人提到：

「總覺得我們這種白領的工作時間，有八成都耗在寫報告和開會。」

「很大膽的總結呢」是聽完的第一印象，這點我自己也感同身受，對方繼續表示：

「我們公司一直在摸索如何更有效率的製作文件跟開會。過程中也有討論到，最有效率的方法就是乾脆不準備資料，這樣不就能省下大筆時間了嗎？換句話說，就是推行無紙化。

但也有人指出，這樣一來開會過程中會很難清楚溝通彼此的想法。導致準備資料有時候多達幾十頁，當然就別妄想節省時間了。

為了提高製作資料和開議的效率，我們終於意識到最佳的解答就是『紙一張』。把資料整合成『紙一張』，並且用『紙一張』簡報來開會。

所以我們想請淺田先生來講授這個主題。」

老實說，我至今幾乎不曾遇過這種邀約前就把說詞「精煉完畢」的企業，因而留下深刻印象。不過，這是二〇一五年的事情了。從那之後的五年間，商務溝通模式有了巨大的改變，形式迥異的「資料」和「會議」持續增加中。你有感覺到嗎？

我會這麼說其實是因為本書的主題紙一張資料及簡報術，與現今環境相比之下是背道而馳，甚至逆風而行的。容我舉出三點來說明吧！

無紙化趨勢，你有多久沒列印了？

第一點就是溝通「更數位化」，比如最近幾年有越來越多的學員會跟我說：「老實說，我今年幾乎沒有用電腦寫報告」「好像很久沒用印表機列印資料了」「所有員工都發配平板電腦後，已經習慣用平板螢幕來邊看資料邊開會了」

意思是「製作資料的需求日益減少」或「根本不製作資料了」的情況越來越多。而且就算有製作資料，也不會列印出來。取而代之的是每個人都用電腦或是平板電腦的螢幕來顯示資料，大家看著螢幕進行討論，這種場景在某些職場已然成為常態。

讀到這裡，你自己本身，或者任職的公司目前大多以什麼方式溝通呢？在往下讀之前，不妨先對照一下自己的狀況。

商務通訊軟體的便與不便

第二點是加速數位化的商務通訊軟體逐漸普及。

電子郵件大約於一九九〇年代後期開始普及。其後二十年，亦即也二〇一〇年代後期，「商務通訊軟體」開始進入了我們的生活。或許你的公司也正在使用Slack、Chatwork或Teams等通訊軟體。本書執筆當下是二〇一九年底，這段期間我有許多機會在各界商務人士集結的場合上開講。我常常利用登台機會詢問：「請問有多少人在利用商務通訊軟體辦公？」結果約有四成的人舉手。

商務通訊軟體很早就盛行於科技業、新創企業等產業，若你也在相關產業工作，可能會覺得「才四成啊？」但根據我的調查，最近三年商務通訊軟體的普及速度加快了。也許再過幾年就會超過五成，甚至八成了。

我認為目前正處於過渡階段，不過可能也會有讀者好奇：「商務通訊軟體是什麼？」在此簡單說明一下。

商務通訊軟體是比電子郵件更簡單，可以透過文字與對方如同對話般交談的溝通工具。因為不需要「承蒙關照、主旨」等電子郵件特有的拘謹格式，所以溝通上更有效率。此外，不只是文字，也能輕易交流聲音或影像，使得提案、報告、連絡或討論等的選擇性比以往更多元。再加上是數位空間，與實際面對面交談不同，更容易留下記錄，避免「有沒有說的爭議」，亦能不費力地與想看的人分享對話內容，使用上非常方便。

但正因為有了這新選項，難免讓一些人產生下面想法：

「我本來就覺得製作資料跟寫郵件既辛苦又麻煩。有這些時間不如馬上用通訊軟體討論、隨時交換簡便的對話，這樣工作起來有效率多了。以前這些事非得直接見面才能辦到，但現在不論時間或地點，只要有通訊軟體就能輕鬆搞定了。既然方便到這種地步，今後用通訊軟體工作就夠了。」

因為這種認知，陸續有一些企業決定導入商務通訊軟體。我詢問有相關經驗的學員，感覺上他們與同事之間的溝通比以前更熱絡了。不過，他們也反應自己越來越少有機會寫信或製作文件。

大家一開始都會利用通訊軟體共享資料，後來漸漸有人提出：「這些內容有必要做成文件檔案嗎？」「用手機看很不方便，我們視訊通話講重點就好」。這些反應背後透露出強烈「不耐煩」感，所以對方或許本來就沒意願打開分享在通訊軟體上的檔案，有這種想法的人似乎不在少數，所以整合性的文件越來越少見。你的公司也有發生類似情況嗎？

遠距工作的影響

最後的第三點是離場工作的情況增加。其實離場工作，還有許多類似的說法，如「遠距工作」、「在家工作」、「多元工作模式」等。因此，你只要以最吻合自身狀況的說法來理解即可。

總之，遠距工作就是在家上班或無固定辦公場所，不論身在日本或世界各地。你還能在各種時間、場所或形態，與他人透過網路進行商務溝通。有人說這種工作模式在今後將變得理所當然。

那麼在這種時空環境下，製作紙一張簡報有什麼樣的意義呢？想必有人會說「就算只要整理成一張資料，還是很麻煩」。

我之前與在家工作的學員聊天時，很訝異對方表示家裡沒有印表機。他說現在與同事討論都是利用 ZOOM（一種線上會議軟體）來進行，所以開遠距會議時，越來越沒意願事先製作資料，再把所有人的資料印出來、拿在手上邊看邊討論。由於不製作資料的狀況持續了半年左右，而且也沒什麼特別的不便之處，最後就把印表機放上拍賣網站賣掉了。

以上三點「工作形式更加數位化」「商務通訊軟體普及」以及「遠距工作增加」，就是無紙化趨勢帶來的影響。

總歸來說，有越來越多人以「全程數位化」的方式來進行商務溝通，認為這才是順應未來的工作模式。當然，由於目前還是過渡期，所以你可能因為身處的工作環境不同，還沒什麼感覺，不過這是時代趨勢，希望你先做好心理準備。

（作者按：本書付梓之際，全球爆發了新冠肺炎疫情，許多企業因而導入遠距工作模式。不過因為欠缺評估的時間，倉促行事下造成混亂的例子屢見不鮮。本書預定二〇二〇年四月發行，雖然不清楚屆時的局勢，但對於陷入混亂的企業而言，書中提出的見解應該會有所幫助，希望能助各位一臂之力。）

「紙一張」簡報術是解方

行文至此，說不定有些人會略感不安。本來是想學會「紙一張簡報術」才讀的，現在卻告訴我文件式商務溝通已經過時了，後面內容沒問題吧？

別擔心，我最終的結論依然是用「紙一張」來簡報是必備的技術！因為最大的好處就是下面四個字：

思考整理。

為什麼我堅信「紙一張」簡報對是這個時代的必備技巧？它和「思考整理」又有什麼

關聯？請讓我為你解答這些疑問，繼續往下讀吧！

我從事在職教育課程時，常向學員推廣「紙一張」的整理技巧。因此，我也收過一些很負面的意見，像是「現在已經沒人用紙本文件做簡報了吧？」

另外，也有人對我說：「紙一張的資料製作和簡報技巧不是過時了嗎？」

以下是我的見解。

正因為「無紙化」時代來臨，才少不了「紙一張」整理技巧！

不論我如何力挽狂瀾，數位溝通今後只加速發展，滲透所有層面。放棄紙本資料的「無紙化」時代已然到來。然而，是否也因為商務溝通更加數位化、通訊軟體讓溝通更簡單便利或遠距工作常態化，而導致人們的「某種能力」退化了呢？

關於這一點，毫不誇張地說，我十年前就感到憂心，進而促使我在二〇一五年出版《在TOYOTA學到的「紙一張」整理術》一書。

這裡說的「某種能力」就是指「**思考精煉力**」。

前言中提到，我在豐田上班時候幾乎天天都要製作簡報、推動工作用的紙一張資料。雖然將資料歸納整理成紙一張看似很容易，但在我養成這個習慣之前吃了不少苦頭。

當時的我只能先從模仿前輩的資料開始，不過老實說也只是依樣畫葫蘆。所以每次呈給主管，都是滿篇紅字地退回。來來回回好幾百次，我才終於順利將資料整理成紙一張，並搞懂該問什麼樣的問題。

只要探問事物的「本質」就對了。

- 「這個業務是為了什麼進行的？」
- 「現在發生的問題，它背後的根本原因是什麼？」
- 「採取什麼樣的行動最有效果並且符合現實？」

多虧了非把資料歸納成紙一張的制約，我自然養成探問本質的習慣。我能整理出想法並重新改寫，然後反覆思索，琢磨出更適切的文字，而這個過程中我的思緒會更加清晰，精簡字句的結果結果，資料頁數也跟著減少了。

最終目的就是「紙一張」。

當初為了學會這種思考模式及基本功我經常加班，養成習慣後我還是會為了整理案件用資料而加班到深夜。換作是今天肯定會有人要我趕快下班，但不要單看表面就做判斷。對我來說，這個過程不是只有製作資料，當我歸納整理內容的同時，也是利用紙一張這個工具精煉自己的工作。

事實上，因為二十幾歲時有磨鍊自己的思考能力，才能成就如今的我，這也是我一輩子的資產。在獨立創業的七年間我的公司一直持續成長，並且出版了六本著作，這些都是拜我在豐田式紙一張培養的「精煉思考力」所賜。

正因為精煉想法，才能將資料歸納成「紙一張」。
正因為精煉想法，上台簡報時才能簡單扼要。
精煉過的言語，才更具說服力。

因此，我做簡報時被人吐槽的機會變少了，就算被吐槽，也因為想法有徹底精煉過，所以不論被問到什麼都能臨機應變。交手幾次後，對方出於安心和信賴感，也就不再需要進行第二、三次的追加簡報。最終我還能用最短時間量產簡報，當你跟我一樣學會紙一張簡報術後也能辦到。

通訊軟體使溝通品質下降

前面提到幾次勞動改革這個辭彙，以我的認知來說，可以扼要地用下面這句話來表達：勞動改革的核心就是「精煉思考力」。

不懂得精煉想法，即使再努力縮短時間、提高產出，也只會做出辭不達意、內容薄弱的成果，導致增加工作量。更別說今後的商務溝通會因為朝無紙化和數位化邁進，以致於製作資料的機會越來越少。

如今一般人都認為應該捨棄透過製作資料「淬鍊思緒」後再溝通的模式，改用商務通訊軟體進行簡便、快速的溝通才是好做法。然而，欠缺精煉思考力的人在工作模式「全程數位化」之下會發生什麼狀況？我有一位主管職的學員，幾年前就開始使用商務通訊軟體，他曾說過一段很具代表性的看法：

「使用商務通訊軟體之後，溝通品質反而下降了。部屬往往想也不想就馬上開視窗進行報告、連絡和商量。因為我們公司幾年前就放寬在家辦公的限制，所以不論人在哪裡都能找到人，躲都躲不掉。

我希望部屬至少先稍微想一下後再開口。很多時候不是我無法了解部屬想表達什麼，而是部屬自己都搞不清楚自己在說什麼，如果還要一一確認，實在很浪費時間，毫無工作效率可言。」

從前面內容中，相信大家應該都能理解為何這位主管說出這種評論。

因為使用通訊軟體的員工沒有「先整頓想法再工作的習慣」，所以他們的工作方式就變成「一天光是耗在通訊軟體上就沒了」。加上沒有自己深入思索的習慣，一有問題立刻「向外尋求」解答，就像用手機上網找答案一樣只會依賴他人。

這個時代可以輕易求解的管道變多了，故訊息也很泛濫。因此，「習慣先梳理想法後再工作」的人不會隨便向旁人尋求答案，商量時用的語句和頻率也力求精簡，以免占用別人寶貴的時間。唯有做到這種程度，才算實現勞動改革目的的數位化工作模式。

根本就在於一個人是否具備「精煉思考的能力」。

「全程數位化」的先決條件

主張「通訊軟體能提升職場溝通產出」的人都會強調這項優點，但事實果真如此嗎？

離開豐田後我沒有立刻創業，而是先在GLOBIS商學院服務了一段時間。這是一間以工商管理碩士課程（MBA）為經營項目的公司，那裡集結了許多優秀的專家。

任職期間我覺得與豐田最大的差別，就是那裡「很少準備資料」。即使是討論或開會也一樣，大家都各自用筆電確認郵件內的議題，大多會在現場視情況使用白板討論。

不過，工作仍能順利進行的理由，就在於所有員工都「習慣先仔細思考後再工作」。

即使沒將資料印成一張紙，也能在腦內精煉想法。所以就算開會過程中卡住，也因為與會者都擅長思考，只要當下寫在白板上整理一下就解決了。

假如組織中每個人具備優秀的思考能力，數位工具才能有效發揮作用。唯有「所處環境中有許多無紙也能實行高度精煉思考的人」才得以實現「更進一步的數位化」。

回過頭來看，你的職場又如何呢？你的同事都是「習慣先深思後再工作」的人嗎？除非職涯中受過徹底訓練，否則一般人很難練就只在腦中進行高度精煉想法的能力。

訓練方法其實有許多種，但平日持續製作資料、反覆開會之間，便能逐步深入了解自己負責的業務、掌握箇中精髓，對我而言這就是一種培養精煉思考力的鍛鍊。而且就算沒有紙一張的制約，大多數企業也應該將這個方法列為「基本的工作模式」。

我只希望更多人留意到提升「精煉思考力」這項基本工，隨著工作模式邁向「全程數位化」後而逐漸消失的盲點。

儘管如此，若有人因此表示：「那就別用商務通訊軟體了，今後努力多做點資料、多開點會，加班也在所不惜！」但事到如今也無法走回頭路了。

現實上製作資料的機會是日益減少，要求無紙化的快速簡報則會日益增加，為了順應變化我們必須跟著改變。本章開頭提到「工作有八成都在製作資料和開會」，為什麼我對這句話特別有共鳴呢？

因為，工作有八成是透過製作資料和開會來精煉想法。

我十分明白這點有多重要，不論是製作資料也好，開會也好，其實都是為了思索如何完成工作的手段。拉遠一點來看，這是為了再三審視、反思眼前的資訊，藉此更明確地掌握不可遺漏的重點。**「製作資料和簡報」只是一種「手段」，「精煉思考」才是「目標」。**

換句話說，**假如能達到這個目的，採取其他任何手段都可以。**

兩個步驟，精煉想法

現在我打算明確定義前面再三提到「精煉想法」一詞。

所謂**精煉想法就是反覆整理思考**，那整理思考整理指的又是什麼？

那就是**梳理資訊、總結想法**。

這兩個步驟即為精煉想法的表現。

我就舉自己上班族時期的經驗為例吧！當時我負責管理公司給外國訪客瀏覽的企業全球性網頁。推行網站的徹底更新計畫時，第一步就是收集資訊。

首先，一一檢視公佈在公司全球網站上的內容、列表造冊，並且盡可能收集競爭同業的網站訊息，到為止屬於 ① **資訊整理階段**。

接著比較自家公司與競爭對象的網站，把發現的問題列入改善重點，集結成資料，這就是 ② **想法歸納階段**。最後，將上述思考整理後的結果彙整成紙一張，輪流與相關部門討論。

這麼做可以掌握自己工作的來龍去脈，了解很多過去不清楚的訊息。

然後，再重新進行一次 ① 資訊整理、② 想法歸納，修改資料，完成後再與其他相關人士討論，每當有新訊息出現，就再重複一次思考整理的流程。

①資訊整理→②想法歸納→①資訊整理→②想法歸納→①資訊整理→②想法歸納→①資訊整理……

利用反覆整理思考整理，來精煉對工作的想法。

以上是我個人經驗，希望你也多加利用「①資訊整理→②想法歸納」步驟來掌握思考整理的步驟、調整自己的業務。這個方法適用於各行各業、各式業務內容，請務必一試。

「思考整理」要多次循環

反覆多次進行思考整理的步驟很重要，因為這樣才能提高「精煉想法的能力」，如果平日都有執行，就算減少反覆思索的次數也能輕鬆應對，甚至只通盤想過一次也能以極快速度完成高品質思考整理。

最後，即使不費力製作資料也做得出一定的成果，達到我在前述商學院經歷過的無紙化精煉工作模式了。這點之後會加強說明，敬請期待。

那麼，我們該如何進行循環性思考整理？我本身是透過將資訊歸納成一張紙的資料製作術來實踐。然而，卻有人提出質疑：「難道沒有其它能同樣達成目的的方法嗎？」但透過「紙一張」來實踐的「思考整理」術，是我長年下來歷經無數次精煉後才得到的結論。

而且不是**製作資料術**，而是**思考整理術**。具體來說，就是如同【圖01】般的表格。善用這份手寫的表格架構，就能輕鬆鍛鍊思考整理的能力。

只要反覆「紙一張」書寫，任誰都能養成「精煉想法」的習慣。完成後再來考慮要用什麼媒介呈現思考整理的結果，例如：

- 將思考整理的內容用「資料」方式呈現，進行簡報。
- 將思考整理的內容用「信件」方式呈現，發送郵件。
- 將思考整理的內容用「對話」方式呈現，用通訊軟體傳達。

重點在於以「思考整理」為出發點而非「製作資料」，如此才能應用於各種不同形式的呈現，換句話說：

「思考整理」比製作資料更重要。

只要能掌握這個精髓，今後下面問題都能迎刃而解。

以後還需要繼續製作資料嗎？
應該導入商務通訊軟體嗎？
該怎麼寫在電子郵件上呢？

只要懂得整理思考，不管使用什麼工具都不是問題、臨機應變，也不會模糊焦點，受到流行趨勢擺佈，進行大量而有效的溝通，而「紙一張」思考整理術就是最佳工具。

圖 01 只要寫成「紙一張」的思考整理術

日期：01/01 主題：			

日期：01/01 主題：	What?	Why?	How?
P1?			
P2?			
P3?			

數位化時代的深入思考工具

謝謝你閱讀到這裡，序章即將告一段落。希望我有成功以淺顯易懂的方式，將今後面臨的商務環境表達出來。很遺憾，因為新冠疫情的爆發，我認為「膚淺思考帶來品質鬆散的數位化工作環境」會在日本加速蔓延。

就勞動改革而言，數位化的確是很重要的環節，但前提是要有與之相應的「精煉思考力」，換句話說，勞動改革的核心就是：精煉思考力＝思考整理力。

另外，我前面也說過，正因為無紙化時代來臨，才更少不了紙一張的歸納技巧，希望你能對此有更深入的體會。

正因為無紙化時代來臨，學會紙一張思考整理術才至關重要！

在這個前提之下，我認為按照下面架構來學習最為妥當。

●第一章：紙一張「思考整理術」
●第二章：紙一張「資料製作法」
●第三章：紙一張「簡報技巧」

本書雖然主打紙一張簡報技巧，但其實第一章最為關鍵，只要先學會利用紙一張思考整理術來培養「精煉思考力」，就能輕鬆搞定第二章的「資料製作法」及第三章的「簡報技巧」。

第一章

紙一張「思考整理術」

為什麼要精煉想法？

前面序章總結了三個趨勢：

- 當商務溝通邁向「全程數位化」，「製作資料」的需求逐漸式微。
- 這項改變奪走我們向來藉由製作資料來「精煉思考的機會」。
- 許多人沒覺察到這項問題缺失，盲目地擁抱無紙化或數位化潮流。

這三點帶出了一個十分重要的訊息。

要跟上時代的潮流，一定得學會思考整理術並藉此磨練精煉想法的能力。

在這個前所未有，需要主動出擊、自發性學會「思考整理」術的時代，若你不想淘汰，就要想辦法站穩腳跟，培養出每次簡報都成功的自信，本章就是為了這個目的而產生。

豐田式紙一張的「三個特徵」

為什麼我面對工作時，能思路清晰地「精煉想法」呢？

答案如序章提到的，我上班族時代每天都少不了的「資料製作」。接下來，讓我針對這一點，進行更具體、實務的說明吧！

豐田有個企業文化，一切工作相關的溝通都用「紙一張」呈現。例如企畫書、報告、分析資料、行程確認或職涯面談等，不論任何場合都不會空手溝通，所以進行提案、報告、連繫或討論時，每個人手上一定會有一張紙。

雖然這不是明定的規範，但七萬名員工中，有半數人都用這種方式執行日常的工作。

【圖02】為豐田式紙一張資料的範例，請大家參考。乍看之下或許和其他的商務文件沒有不同，那重點到底是什麼？我將其特徵整理成以下三點。

圖 02 豐田式紙一張資料範例

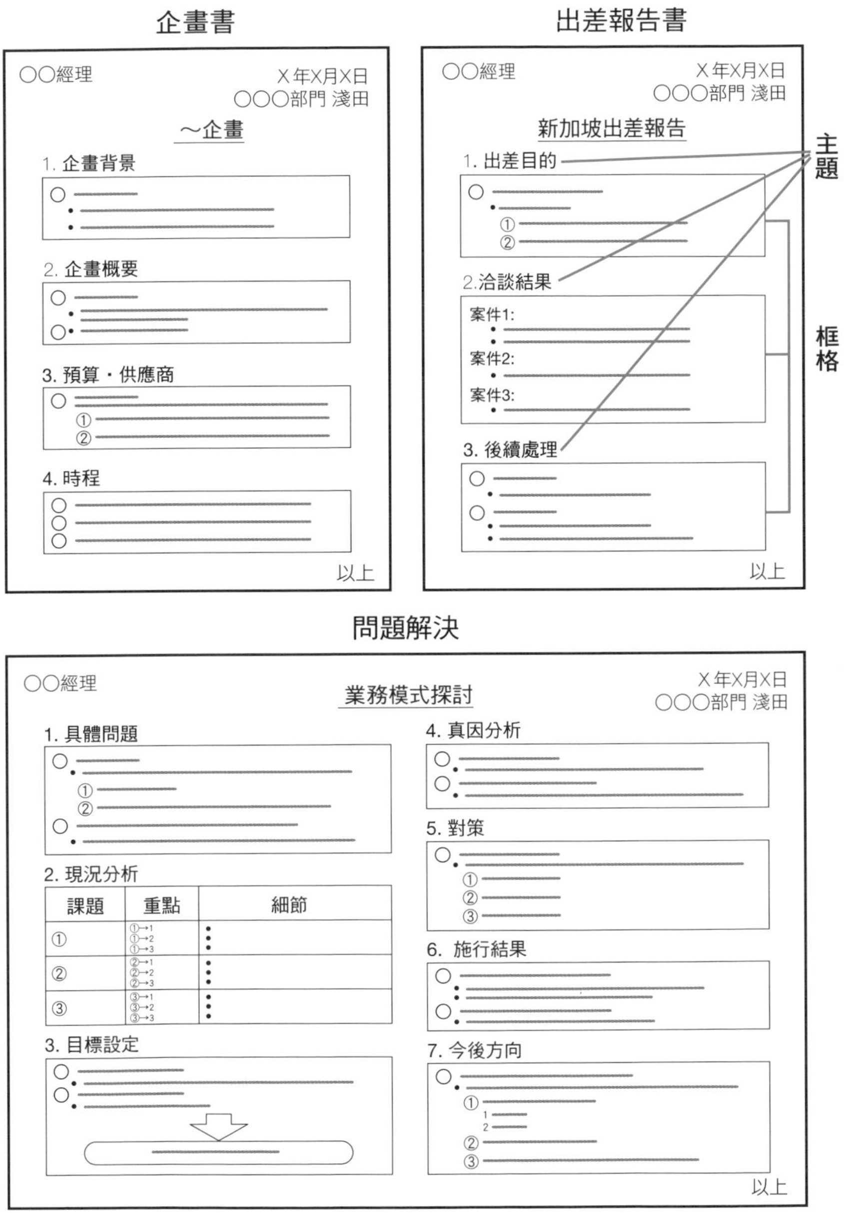
企畫書
○○經理
X年X月X日
○○○部門 淺田
～企畫
1. 企畫背景
2. 企畫概要
3. 預算・供應商
4. 時程
以上
出差報告書
○○經理
X年X月X日
○○○部門 淺田
新加坡出差報告
1. 出差目的
2.洽談結果
案件1:
案件2:
案件3:
3. 後續處理
以上
主題
框格
問題解決
○○經理
業務模式探討
X年X月X日
○○○部門 淺田
1. 具體問題
2. 現況分析
課題
重點
細節
3. 目標設定
4. 真因分析
5. 對策
6. 施行結果
7. 今後方向
以上

1：所有資訊歸納成「紙一張」
2：訊息集中在「框格」內
3：將「主題」標記在各框格上方

你平日製作的資料或在其他工作場合中，有看過類似的文件格式嗎？有的話，請務必與自己手邊的文件做比較，了解其差異之處。

用一張紙「精煉思考」

第一個特徵就是將**所有資訊歸納成紙一張**。因為所有資訊一定要經過篩選的制約，所以不會塞滿無謂的訊息。以至於在製作資料的過程中，腦中會自然向自己提出下面問題。

「什麼是我想表達的重點之重？」

「追究下去，找出主要原因在哪裡？」

「從結果來看，什麼是執行上最大的障礙？」

正因為有「紙一張」的制約，所以豐田的員工都會把「精煉想法」當成每天的日課。

雖然有一些人主張紙一張應該用A3，但我認為這種紙張的尺寸不合時宜，畢竟我們平日最常用的還是以A4為主流。再加上列印資料的機會逐漸減少，所以A3尺寸的資料並不適合直接在電腦或筆電螢幕上閱讀、確認。

另外，就算遇上要列印的情況，人們的工作環境也因為遠距辦公而多樣化，因此發生印表機無法列印A3紙張的情況很常見。不過，製造業者可能會說：「我們現在還是用A3啊！」所以最終還是得視情況而論。

不過，尺寸要用「A3或A4」其實沒什麼差別，畢竟就大方向來看「A3資料不合用」的情況只會更常見，請各位將這點放在心上。

「留白」的影響力

第二個特徵就是**善用「框格」框住文字**。

用框格的理由和紙一張一樣具備「制約」的功能，因為你會忍不住想將資料通通整理進框格內，而得以精煉想法。

另外來談一下框格的「心理效果」吧！人類天性「討厭空白」，或者「一看到空白就莫名想填滿」。因此，只要預先在文件上劃出空白框格，人就會反射性冒出：「好想在裡面寫點什麼」的念頭

由此來看，我幾乎能斷言，對豐田式資料製作法來說，「框格」的存在比紙一張更能發揮作用。

我在培訓課程中，都會詢問學員偏好用什麼方式整理思考，是「只在腦中東想西想」還是「看著文件上的框格思索該填入什麼」，而每一次學員幾乎都把票投給後者，因為後者更容易釐清思緒。

圖 03　「空白框格」和「主題」有助於思考整理

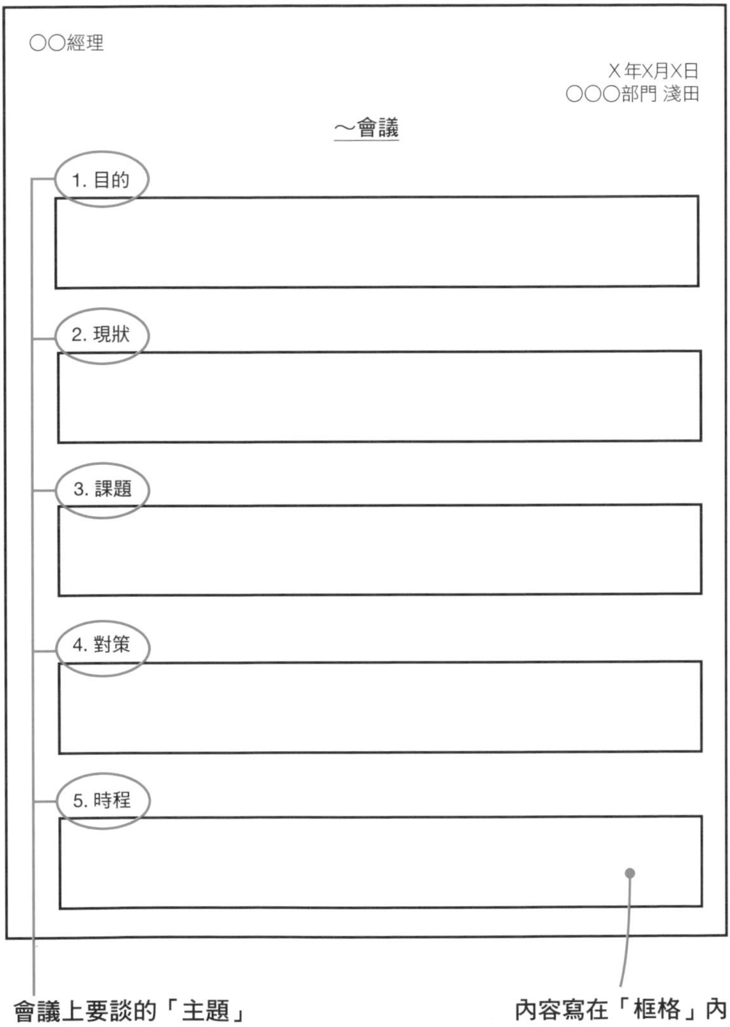

為什麼框格上方要標記「主題」？

第三個特徵就是在**每個框格上方標記「主題」**，目的是為了達到制約的效果。

如果每個框格上方都有寫上主題，自然能避免人框格內寫入不相干的內容，所以也不用另外針對內容做取捨，而且這個過程也有助於精煉思考。

舉例來說，一份「沒有框格和主題」的資料，大概會像【圖04】這種條列式版面。這種版面無法一眼看出主旨、想說什麼及內容架構，而且也因為沒有主題和框架，所以原本用主題框格可以一句話說完的文句，變得要寫兩、三行以上。

換言之，條列式的書寫方式無法幫助我們「精煉想法」。

附帶一提，我製作資料時，除了「一張紙＋框格＋主題」這項規則，還會規定自己「一句話不得超過一行」。如果你心有餘力，平日整理想法或資料時，不妨試著如法炮製。

圖 04　「條列式書寫」無法幫助思考整理

- 2020年10月10日 例行月會議程。
- 最近的環境變化：由經營企劃部說明競爭對手的動向與市場變化，以及宏觀經濟概況。
- 優良案例分享：針對這半年來的成功案例進行簡報。
- 上月業績報告：統整各分店或海外分公司的資料，由各營業部門報告。
- 關東分店
- 關西分店
- 九州分店
- 海外業績報告
- 共通課題
- 對策協商
- 本部長總結

「一張」框架的獨創性思考整理術

以上就是我在豐田學到的資料製作三大本質：「紙一張、框格、主題」。這三點的制約作用，不僅是優秀的員工可以做到「精煉想法」，就連一般員工也辦得到。

換句話說，若能將「紙一張、框格、主題」這三項制約以某種形式呈現、發揮效果的話，那麼除了製作資料之外，這種精煉想法的技巧應該也適用於其他狀況。

這是我構想「一張」框架思考整理術的經過，今後還請各位多方運用。

我們先用一個問題來試試看吧！請問你贊成「員工兼差」嗎？還是認為「沒辦法從事副業」而持反對意見呢？

在翻到下一頁之前，請試著現在馬上回答。

如何？或許有人能立刻發表自己的看法；或許有人覺得太突然，什麼也想不出來。不管你是哪一種，想必很少人平日就有精煉想法的習慣吧？

到底該什麼樣才能辦到「精煉想法」呢？

如同序章說明，「所謂精煉想法，就是不斷重整思考」，而「重整思考」是由

①資訊整理和②想法歸納兩步驟組合而成。然後，整理思考的程序要透過的資料製作過程來……太複雜了嗎？我們換個方法試試看吧！

用「綠筆」畫框格、寫明主題

首先準備一張紙，還有綠色、藍色、紅色的筆各一支。

影印紙或便條紙都可以，但尺寸至少要大於A5，所以最好避免使用小筆記本，沒有筆記本的人請使用影印紙。本書的範例說明皆以A4影印紙為準，這是最方便入手的紙張尺寸。為了方便填寫可將A4紙對折成A5尺寸。

另外，也許有不少人無法馬上湊齊三種色筆。若是如此，暫且用黑筆也無妨，後面會說明要求用綠、藍、紅三種色筆的理由。

首先，請參考【圖05】，用綠筆在紙的中央畫出縱線和橫線。

接著以畫好的線為基準，再加上兩條縱線和兩條橫線。

這樣4×4的「框格」組合就完成了。

最後在左上角第一個框格內填入日期和主題，同樣用綠筆來寫。

由於此處的練習案例是以「贊成或反對員工兼差」為主題，所以在第一個框格填入「贊成兼差」；並在第一行第三欄的框格內填入「反對」。這樣就完成綠筆的部份了。

用「藍筆」整理訊息

這就是「一張框架」＝紙一張思考整理術。我們再複習一下剛才完成的事情吧：

準備「一張紙」，畫上「框格」，填寫「主題」。

亦即用「手寫」的方式，勾勒出豐田式資料製作法的三大特徵「紙一張、框格、主題」。因為重點是在過程中「整頓思考」而非製作資料，所以只要本質不變，就算用手寫的也無所謂。這個做法不僅限於「資料製作」，也能視需要運用於各種場合。

圖 05 「紙一張」思考整理術的步驟

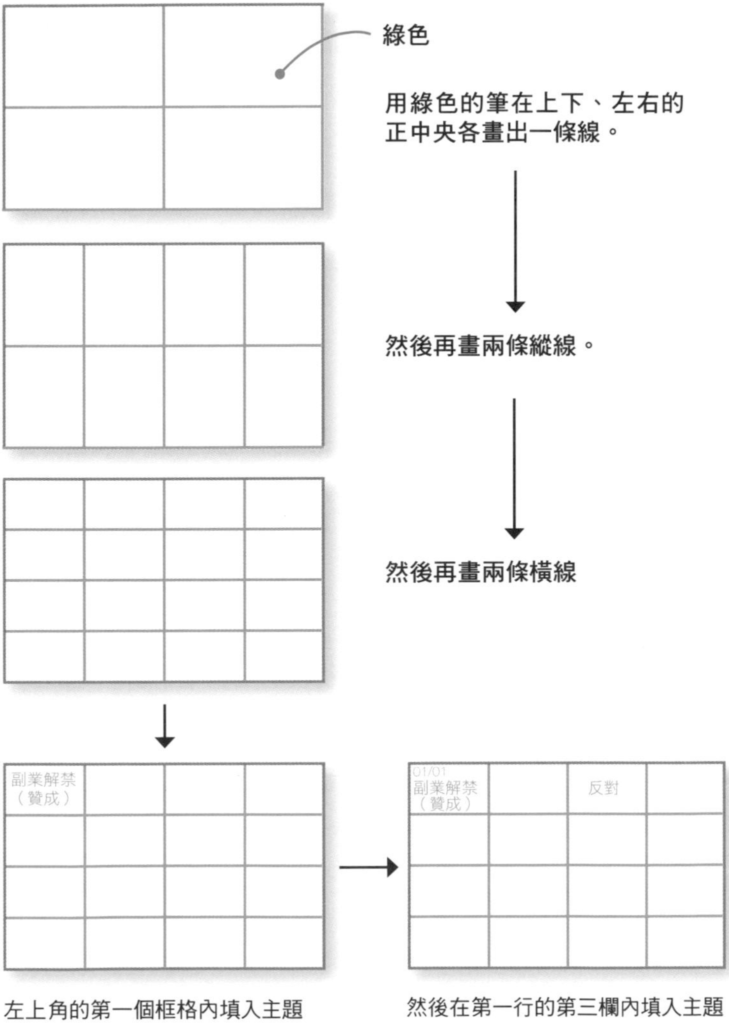
綠色
用綠色的筆在上下、左右的
正中央各畫出一條線。
然後再畫兩條縱線。
然後再畫兩條橫線
副業解禁
（贊成）
01/01
副業解禁
（贊成）
反對
左上角的第一個框格內填入主題
然後在第一行的第三欄內填入主題

請善用綠筆制約出的框格，我們往下個步驟邁進吧！

首先是思考整理前面兩大步驟：① **資訊整理**。我們先拿起藍色，來填寫左半部。不論你本身的立場是什麼，先假設自己是「贊成」員工兼差的立場，參考【圖06】上方，在框格內寫下「贊成的理由」，可以填寫的框格只有七個，看看你實際能寫出多少。

你填寫了幾個框格呢？接下來，請參考【圖06】下方的填寫右半部的框格，以反對者的角度，填入「反對的理由」。

我想可能有人會反映「腦袋無法一下子轉換過來」。若是如此，請先做個深呼吸、伸展背部，試著靠身體重啟思緒，或乾脆去一下洗手間，設法讓想法歸零。準備好了嗎？現在請再花兩分鐘，寫出反對的理由。

這麼做可以幫助自己依據贊成和反對的立場，大致列出腦中想到的關鍵字。

圖 06 用藍筆整理資訊

填入「贊成的理由」

日期：01/01 主題： 副業解禁 （贊成）	有新的人生價值	反對	
有多個收入來源	……		
可分散風險	……		
公司倒了也不怕			

填入「反對的理由」

01/01 副業解禁 （贊成）	有新的人生價值	反對	不了解 稅務申報的方法
有多個收入來源	……	少了 陪伴家人的時間	只是想逃避本業
可分散風險	……	會疏忽本業	……
公司倒了也不怕		有機密情報 外洩的風險	

用「紅筆」歸納想法

用藍筆整理資訊總算告一段落。接著要進入②想法歸納的階段。現在請拿起紅筆，參考【圖07】進行以下動作吧！

- 先從左半邊的「贊成理由」中，最多選擇三個自認「特別重要」的理由，並用紅筆圈起來。
- 接著從右半邊的「反對理由」中，最多選擇三個自認「特別重要」的理由，用紅筆圈起來。
- 贊成和反對都圈選完畢後，請比對左右兩邊。你覺得哪一方的理由更重要？就算很主觀也沒關係，你可以藉此重新決定自己的立場。

圖 07 用紅筆「歸納想法」

填入「贊成的理由」

01/01 副業解禁 （贊成）	有新的人生價值	反對	不了解 稅務申報的方法
有多個收入來源	……	少了 陪伴家人的時間	只是想逃避本業
可分散風險	……	會疏忽本業	……
公司倒了也不怕		有機密情報 外洩的風險	

填入「反對的理由」

01/01 副業解禁 （贊成）	有新的人生價值	反對	不了解 稅務申報的方法
有多個收入來源	……	少了 陪伴家人的時間	只是想逃避本業
可分散風險	……	會疏忽本業	……
公司倒了也不怕		有機密情報 外洩的風險	

透過完成上述的「紙一張」精煉想法後，你就能針對「員工兼差」的主題進行簡報了。

「我贊成副業解禁。理由有三，首先第一點是……」

「我反對副業解禁。理由有二，首先第一點是……」

其實我每次在培訓或講演場合請學員做這項練習時，一定會出現「最後意見與當初完全相反」的人，或許你也是如此。另外，即便你最後的立場與進整理前一樣，也會因為能做出更明確地論述，而讓自己的表述更有說服力。

還有另一種情況，就是你只寫得出贊成或反對的單方面理由，這主要是因為你沒辦法進行平衡思考。換言之，你是否習慣只靠片面資訊就做判斷呢？

以上是紙一張思考整理術的基本寫法和使用方法。所謂紙一張指的不是製作資料的結果，而是「手寫」的過程。既然只要五分鐘就能完成，你今後是否有意願多加利用呢？

除此之外，你可以嘗試用不同的主題，如「自己贊成或反對他人的某項意見」「要下單給A公司或B公司」等，練習歸納自己的想法。

再三琢磨想法的兩大好處

我想在讀過紙一張思考整理術的說明後，你可能會產生下面疑問：

「光是寫一張紙應該不算是精煉想法吧……」

沒錯，這只是第一步。想必很多人在寫一張紙時，會覺得「應該還有其他理由」「還想嘗試用不同的觀點來思考」，比如：上網搜尋或詢問旁人的看法。若是如此，那就把收集到的追加資訊，重新再寫一份紙一張。當然，新寫的關鍵字一定會比前一次多，內容也會更精闢。照這樣的循環反覆進行幾次，不就能讓想法更加精煉了嗎？

我每次看到光是口頭強調「徹底思考」「深入思考」「深思熟慮很重要」的商管書，都會忍不住吐槽：「徹底思考的具體方法是什麼？」但很遺憾，幾乎沒有一本有清楚交代。

所以我決定書寫這個主題時，告訴自己絕對不能蒙混過關。那麼，具體來說要怎麼精煉想法？我想從「足以付諸行動的層面」來詳細說明做法，其實只有下面條列的幾項而已，你只要照著做就可以了。

- 準備一張紙和三色筆。
- 用綠筆畫出框格、填上主題，接著用藍筆填入關鍵字。
- 最後一邊用紅筆圈選，一邊歸納想法。
- 之後再三重覆這樣的程序，讓想法接近精煉的狀態。

儘管世上有許多商業技巧，但沒有比紙一張思考整理術更能化繁為簡，剔除一切冗贅，淬練出精華的方法。而且成效良好，任何人都能辦到，這兩大特點的最佳註解就是：

用紙一張和綠、藍、紅三色筆，「手寫」而成的思考整理術。

三色筆：零風險、高報酬的技巧

儘管如此，還是有人向我反映很麻煩。但身為開發者，我認為其他手法更麻煩，所以其實很想回說：「這樣都嫌麻煩，那就別再學什麼商業技巧了」。不過，那怕多一人也好，我真心希望有更多人實踐這個方法，進一步詢問後對方表示：「要分色書寫很麻煩」，而我通常會回說：「這樣的話，一支黑筆用到底也行」只要能付諸行動就好。

然而，我會分色使用當然是有原因的。前面幾本著作中我不曾解釋「使用綠、藍、紅三色筆的理由」，所以就趁這個機會說明，若你認同或許就能減少一些抗拒感了。這好比刷牙，一旦養成習慣就不會再感到有壓力了。無論如何，請堅持往下看。

之所以不用黑色[1]，而是綠、藍、紅三色筆，原由就在於「這是最快、最有效率的思

1 編註：日本文化上，從日常文書到正式文書都有使用「黑筆」書寫、簽名的不成文規定。

考整理術」換言之，這三色是「兼具高效能和高產能」的顏色。

有一次我受邀為新進員工培訓而登台主講，學員們的年齡從二十多歲到三十多歲都有。因為對「某件事」感興趣，所以詢問台下的學員：

「學生時代有用藍筆唸書的人請舉手。」

然後台下大約有三成的人舉手，我接著問：

「不滿三十歲的人請把手放下。」

結果，所有舉起來的手都放下了。

另一方面，我看見三十多歲的學員一臉「欸？用藍筆唸書是什麼意思？」的表情，頻頻張望四周。不過，正在閱讀本書的人當中，或許也有不少人有相同困惑吧？雖然我不清楚來龍去脈，但如今進入職場的二十多歲年輕人中，有一定的比例都是學生時代會用藍筆唸書的人。

使用藍筆是出自一種色彩心理學上的「心理作用」，根據研究顯示藍筆有助於「放鬆」，所以要做什麼事情時更容易「專注」，因而藍筆很適合唸書就此成為一種約定俗成的訣竅。

在放鬆狀態下集中精神，對於精煉想法來說也極有助益，既然如此，整理思考時就沒必要執著於非黑筆不可。

只是把黑筆換成藍筆而已，完全零風險。

如果這麼做能有所回報，實在沒道理不照辦。

我三十多歲才知道藍筆的效用，親身嘗試後發現用藍筆果然是好辦法。這就是紙一張思考整理術也採納藍筆的緣由。在你進行「資訊整理」時，不妨輪流用黑筆和藍筆試試看，你一定也會覺得「果然是用藍筆好」。

思考就是反覆「發散」和「收斂」

再來我想說明一下用綠色的理由。綠筆純粹是為了區隔框格與填入的資訊，而且重要的是也能增加「視覺上的易讀性」，這點後面會另外說明。

或許也有人認為「若只是為了區隔框格和文字，用黑色不就好了？」然而，綠色終究是更好的選擇。

比方說交通號誌燈，日本慣常把綠燈稱為「青（藍）」燈，但它其實是「綠」的。我們有時候也藍綠不分，所以剛才提到的藍色色彩效應，綠色應該也能比照辦理。這樣一想，用綠色來做區隔自然比黑色好。

此外，青燈（綠燈）是代表「前進」的號誌燈。使用藍筆的「①資訊整理」步驟則是為了將腦中的想法寫成文字、填到一張紙上，能促使大腦運作方向往「前進」。

更正式一點的說法，思考的過程大致分為「發散」和「收斂」兩大部份，而其中適合「發散」的顏色就是「藍或綠」色。

另一方面，使用紅筆的「②想法歸納」步驟，是將用藍筆寫的情報進一步「歸納」，亦即「收斂」。若以交通號誌來說，「紅色代表停止」，這就是選用紅色的理由。

用藍或綠色擴展想法，用紅色來收緊、篩選。

採用這三個顏色，就是為了更貼近大腦的運作。以上東說西講，範圍都不出色彩心理學的作用。相信你應該了解使用這些顏色的理由了，若你認同，請務必將之實踐在紙一張思考整理術中。如果能持續練習三週的話，就不會覺得麻煩了。

啟動成功開關的紙一張

我想回到前面步驟，再解釋一個重點。當初之所以下筆的背景，是因為發現越來越多人沒有精煉想法的習慣，應該有很多人像【圖08】一樣「不論是贊成或反對的理由都寫不太出來」。所以，我想若將主題代換成其他項目，應該會比較容易寫出來，例如「從自己面臨的問題切入」。

首先，就以思考整理為目的，從「收集資訊」開始著手做吧。

「精煉」並不是什麼艱深的思考方法。會說自己不擅長深入思考的人，問題其實幾乎都出在「可用於思考的資訊量不足」。

即便身處知識爆炸的時代，但儲存於我們腦中可派上用場的知識量卻少得令人訝異。這是因為就算訊息量大增，我們的大腦並沒有跟著進化所致。

所以要你填寫一張白紙時，才驚覺到一個客觀事實：「我的腦中完全沒有能用的資訊……」。

不過，一旦認清這個事實，要從外部獲得多少資訊絕對不成問題，你可以問人、看書、

圖 08　為什麼寫不出理由？

01/01 副業解禁 （贊成）	???	反對	???
有多個收入來源	???	???	???
???	???	???	???
???		???	

上網搜尋，盡情補充想要的資料。

關鍵就在於，你是否能具備「積極吸收資訊」的心態。因此，我才想讓你先來填寫「紙一張」當成推動發想的開端。

前面練習時，或許有人「能寫出五個贊成的理由，但反對的只想到一個」，會出現這種情況是因為「反對的資訊量太少，才往贊成的方向去」，所以這時應該要先多收集一些反方資訊再做決定。

這點無法光靠只在腦袋中想想就有自覺，唯有整理在一張紙上時，才能「一目瞭然」地發現。

極簡版紙一張簡報

到此為止，你已經稍微體驗過紙一張思考整理術，也讀過這個方法背後的邏輯了。最初我請你把「針對某議題是持正面或反對立場」利用紙一張來思索，但其實還有不同手法可利用，第二章會提供許多應用法，這裡先介紹以下兩種。

首先第一種是與「簡報流程」相關的思考整理術。

做為熱身練習，現在請用三十秒說明自己目前的工作內容。

（請實際用三十秒說明看看）

進行得還順利嗎？當你試圖「為了淺顯易懂的說明某個主題，而發想一套說辭腳本」時，紙一張思考整理術也能發揮莫大幫助。

請仿照【圖09】做一張表格。

用綠筆畫出4×4的表格，主題欄則填上「工作經歷介紹」。

圖 09　紙一張思考整理術的基本表格

01/01 工作經歷介紹			

和前面例子不同，這次不用做任何比較，只要在左上角的框格寫上主題就可以了。

接下來是「①資訊整理」步驟。請用藍筆寫出與自己工作內容有關的關鍵字。

時間大約是兩分鐘。

如果寫得差不多了，就輪到紅筆上場，進行「②想法歸納」的步驟。

請想一下「什麼樣的順序更容易理解？」按照你說明的順序圈選關鍵字，並依序畫上箭頭，請參考【圖10】。

圖 10　將工作經歷用紙一張進行思考整理

用藍筆填入關鍵字，整理腦中資訊

01/01 工作經歷介紹	接單金額超過 一億日圓	TOYOTA	在世界五個國家 有譯本
雜誌 《PRESIDENT》	減少加班	六本著作	學員超過 一萬人以上
以漫畫形式表現	晉升為社長	累計超過 四十萬本	電郵雜誌
只用紙一張表達	紙一張工作技巧	東京→全日本	16,000人以上

一邊用紅字填寫一邊整理思緒

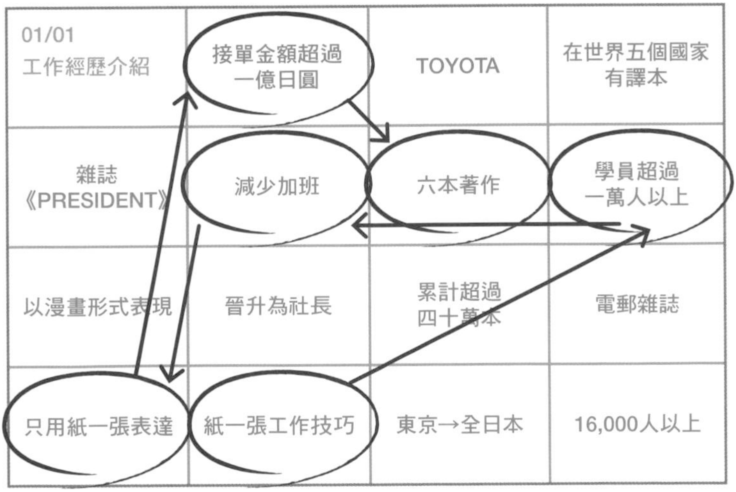

紅筆圈選的步驟一分鐘應該夠了吧？（可視需要延長時間）。要注意的是，因為有「簡報時間三十秒」的時間限制，所以無法說完所有關鍵字。請挑選五到六個左右，剩下的捨棄不用。

整理完畢後，請參考這一張紙，再進行一次三十秒的說明吧！

（請實際演練看看）

從不知所措到出神入化

結果如何？你這次的說明有讓人更容易理解了吧？相信對方接收到的訊息量應該也會增加。然後，請回想一下你花了多少時間填寫：三分鐘上下。亦即，只要花一點零碎的時間就能辦到。很多商管書都在說「設想一下情境」「進行篩選」「刪減資訊」「直接了當地簡報」，但唯有付諸行動才可能實踐。

因為做法很簡單，你剛開始可能很難體會其價值。然而上述解說都是我二十幾歲時渴望學到的東西。

你不妨將本書和其他商管書一起閱讀。想必你會頻頻發現許多「難以執行的說明」，比較後或許就能了解這個方法的奧妙之處了。每當你有這種感受時，請將之轉化成「多寫多練習」精煉想法的動力。

利用紙一張思考整理術在短短五分鐘內針對「工作介紹的情境」統整思緒，並進行三十秒左右的立即簡報，此即為最基本的應用範例。我在其他著作中也介紹過，但有些人嘗試後出現以下反應：「我就是無法在三十秒內完成」「我還是聽不太懂說明」「這個方法不太適合我」。

事實上會這麼說的人都有一個共通點，那就是：「只試過一次」。因此，我通常會建議：「請再寫一次」。

我們回想一下序章的內容。

紙一張思考整理術是為了「藉由反覆書寫來精煉想法」，每寫一次負擔就會減輕一次是這個方法背後的設計邏輯。因此，才寫一次就說自己有在實踐這個方法不夠妥當。

「本來打算最少要寫三次，誰曉得現在才一次就順利辦到了。」

這才是對紙一張思考整理術有正確理解的人會有的基本態度，千萬不要有「一次搞定的預設立場」。透過反覆書寫，才能逐漸提升書寫速度，想法也會更清晰。

這是一種「以量換質」的概念。豐田有一句「改善永無止境」的口號，即改善不是只做一次就結束，會接著進行下一次的改善。紙一張技巧也反映了這樣的概念，所以我才強調要以反覆重來為前提來書寫。

寫一張紙大約要花三到五分鐘，故就算寫三次也能在十五分鐘以內結束。

希望上述說明有讓你更深入了解這個方法，不再試圖「一次定勝負」。

紙一張的應用範圍

前面以介紹工作經歷為例，但這個技巧即使更換題目也適用，如【圖11】。假設你不曉得該怎麼寫電子郵件的內容給某人，可以用「給某某的郵件」為題進行上述步驟。另外，

圖 11　不同主題都可以自由應用

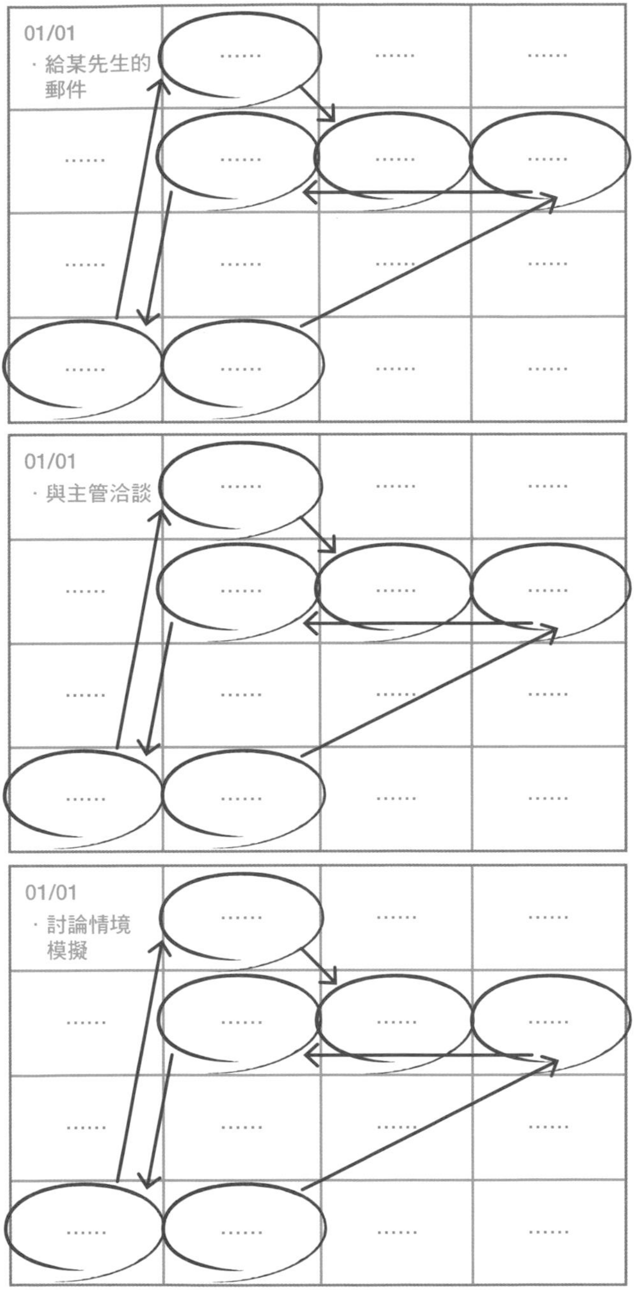

當你有事要跟主管商量，卻不知道該如何簡潔明瞭地依序討論時，只要在開會前預留五分鐘左右，以「跟主管商量」為題，同樣用前述步驟順過一次就可以了。其他還能廣泛應用於打電話、用通訊軟體討論前的思緒統整，甚至網路會議的情境模擬等狀況。

當你感到「光在腦中整理想法有點吃力」時，請馬上拿出紙和筆，進行紙一張思考整理的步驟，而每做一次這些實戰經驗都會變成「精煉思考力」的基石。

這項知識產出的基本功，今後會越來越重要，請務必將之內化成自己的一部份。

如何大量製作簡潔有邏輯的內容

最後要來談運用紙一張完成讓人「一次點頭」的簡報範例。

第二章的紙一張資料製作術，以及第三章的紙一張簡報術，都是以這個架構來進行。就是應用紙一張的手法，量產出一般稱作「邏輯思考」或「邏輯表達」的思考整理或說明內容。下面將說明其具體架構。

我們延續前面的「工作經歷介紹」案例，但不同的是，這次要用綠筆補充一些資訊。

具體而言，就像【圖12】先在左邊框格填上「P1？」「P2？」「P3？」，這個標示意指「第一個重點？」「第二個重點？」「第三個重點？」。接著，請在上方框格寫下三個疑問詞：

- 具體項目？——What?
- 為什麼要推廣？——Why?
- 如何推廣？——How?

然後再用藍筆寫出三個問句的答案。一個問題預計花九十秒，所以大概五分鐘左右填寫完畢。

接下來請試著參照這「紙一張」實際進行簡報演練：

圖 12 「邏輯」版本的「紙一張」思考整理術

01/01 ・工作經歷介紹	具體項目？	為什麼要推廣？	如何推廣？
P1?	「紙一張」 資料製作方法	不擅溝通的人 ↑↑↑	身為作家： 撰寫商業書籍
P2?	「紙一張」 簡報術	可以鍛鍊 思考整理的機會 ↓↓↓	身為講師： 登台演講
P3?	「紙一張」 開會技巧	朝「數位化」發展	主持線上論壇

我從事在職教育相關工作，著重推廣紙一張的工作技巧。

簡單說就是教大家利用紙一張來「製作資料」「加強簡報技巧」以及「主持會議的手法」。

之所以想推廣，主要是現今在職工作者的溝通能力讓我感到十分擔心。因為大家可以「鍛鍊思考整理能力」的機會越來越少了。而這種機會越來越少則跟「全面數位化」的趨勢有關。身處去類比化的時代，我們製作資料的機會正逐漸減少，這點會導致溝通的能力跟著變差。為了解決這種令人憂心的現況，我認為需要動手書寫的紙一張思考整理術，是今後必備的工作技巧而致力於推廣。

至於我的推廣方式，可以歸納成三點來介紹。

首先第一點，就是我以作家的身份每年出版相關主題的書籍。

第二點，我平日會到各種企業培訓、演講、研討會等場合登台授課。

最後一點，我有開設線上論壇。網站上有提供學習的機會，若想進一步了解，請以在下的名字為關鍵字上網搜尋即可。」

只要花五分鐘左右書寫，就能像這樣輕鬆量產出邏輯清晰的簡報內容。

如果你做過一次後覺得還少了點什麼的話，那就放棄一次搞定的想法，用紅筆修正最初寫好的紙一張或重新寫一張也無妨。

將「思考整理得有條有理，讓人一聽就懂的簡報力」在如今更是不可或缺。

主打邏輯思考或邏輯表達的商管書琳瑯滿目，相較下本書的主題算是稀有，若能成為新型態的標準或教科書來發揮最大的效用，將讓我備感欣慰。希望這本書能拋磚引玉，促使更多優異的商管書問世。

圖 13　應用於企畫提案的情況

01/01 ・企畫提案	為什麼想做這個企畫？	企畫的概要？	如何實現企畫？
P1?			
P2?			
P3?			

這類型的紙一張思考整理術的應用範圍也很廣，例如若想進行「企畫提案」，只要仿照【圖13】以三個疑問詞為架構就可以了。

- 為什麼想做這個企畫？——Why?
- 企畫的概要是什麼？——What?
- 如何實現企畫？——How?

如果是出差報告，就仿照【圖14】框列出下列三點就很充分了。

圖 14 適用於「報告、客訴處理」等各種狀況

01/01 ・出差報告	出差目的？	出差內容？	後續追蹤事項？
P1?			
P2?			
P3?			

01/01 ・客訴應對	客訴的內容？	客訴發生的原因？	客訴的因應對策？
P1?			
P2?			
P3?			

- 出差的目的？——Why?
- 出差的內容是什麼？——What?
- 如何持續追蹤事項？——How?

再者，若是檢討客訴應對，只要用下列三點便能進行思考整理。

- 客訴的內容？——What?
- 客訴發生的原因？——Why?
- 客訴的因應對策？——How?

為什麼「三個疑問詞」就能搞定？

邏輯版的紙一張思考整理術有一個到目前為止還沒特別強調過的重點：三個疑問詞。儘管問句的說法或疑問詞會隨狀況而改變，但都有下面這個共通點。

任何課題都是為了解決三個疑問——What、Why、How。

事實上，一個版本就很夠用了。如果你能用一種版本進行能邏輯思考和表達的話，一定可以大大減少每天因為溝通而產生的壓力。

此外，因為這終究是一種思考整理法，所以手邊沒資料的情況也適用。先不斷書寫紙一張，累積經驗、養成習慣後便能廣泛應用在郵件、電話或通訊軟體等不同場合了。

為什麼只要囊括這三個疑問就足以解決問題呢？

我在豐田工作時，每次完成資料或簡報內容後，總會受到來自各方的批評指教。於是我開始將「這些意見分門別類」，長久下來我越來越擅長精煉思考，而其中讓我最有感的心得，就是用「What、Why、How」來做分類。後來就不會再為了那些批評而感到不知所措，因為全部都能簡化成這三種疑問。

因此，若你今後遇上任何批評，就換個角度來想：「不論來者有多不友善，我都能透過將批評資料化，分類成三種疑問並解決問題！」

掌握到這個精髓後，我都會盡力以「What、Why、How」為架構來製作資料。

結果成效驚人，自從我運用這「三問」為說明架構後，以前老是批評不斷的人幾乎不再有太多意見了。

邏輯也能打動人心

為什麼以這三問為架構來做簡報說明就能讓人乾脆點頭呢？

這點可以從各種觀點來解釋，但本書因為力求簡單，所以就針對「讓對方心理需求獲得滿足」來著墨。

人之所以想要批評，箇中理由其實沒什麼道理可言，可以說是一種情感作祟，因為心理老是感到「少了點什麼」「有沒講到的部份」，就如我前面提過的，人討厭空白。只要聽者覺得「還無法接受」就會忍不住批評，直到欠缺感消失為止。可是，由於批評內容往往不出「What、Why、How」這三大疑問，所以只要你的簡報以回答這三問為主要架構，就能給對方帶來：「說明到這種程度很不錯，我大致上能接受」的感覺。

這種出自邏輯版紙一張思考整理術之下的簡報，其原理實在簡單到讓人掃興。儘管是以邏輯運作，但背後卻有影響他人情感的心理作用，亦是這個框架有趣的地方，以及能廣泛應用於商務溝通領域的主要原因。

解除他人追問下去的念頭，就是這三問的神奇之處，而且任何人只要寫在一張紙上便能實現。

如果你能因此產生「想徹底學會」的決心，會讓我很高興。我不論是上班族時期，或是獨立創業時，一路上真的都是靠這一招走來的。再者，我有無數學生都親身體驗過紙一張的魔法。

「自從運用這個思考整理術來做簡報後，再也沒被主管批評過了」我也不斷收到這樣的反饋，請你務必親身體驗看看。

以上就是三種紙一張思考整理術。

尤其最後介紹的邏輯版紙一張思考整理術，會在第二章不斷出現，而最初介紹的兩個則當成第三種的輔助加以運用。

除了製作資料之外，如果還能運用在日常生活中，也是令人欣慰的事。

請以各種不同的主題來練習實做，提高對每一種活用方法的熟悉度。

第二章

紙一張「資料製作術」

八成思考、二成執行

第一章我們以「比起製作資料本身，思考整理的過程更重要」為基礎，學會了紙一張思考整理術。如今早已不是那種只要製作文件，就能應付工作的時代了，因此以「思考整理」為出發點的工作形式今後會越來越有價值。儘管如此，現在算是過渡時期。因為目前還是以大企業為中心的保守組織為多，所以有許多需要先做資料再上台簡報的情況。

一間公司中，除非多數員工本來就有「精煉想法後再工作的習慣」，否則我認為應該要保留製作資料的流程。不過，在快節奏的時代環境下，短時間內完成是最起碼的條件。

接下來我打算說明以紙一張思考整理術為基礎，衍生出的「超省時」紙一張資料製作法，但結論很簡單：

掌握「思考整理」技巧，等同於完成了八成的「資料製作」。

當你讀完第二章時，請再來回顧這句話，本章的目的就是想喚起這個共鳴。請以這點為目標，繼續往下讀。

第一章介紹了有助於邏輯思考和邏輯表達的紙一張思考整理術。我們現在就用這個方法來製作一份企畫提案的簡報資料吧！

一般來說，工作上要進行企畫提案時，單用口頭報告的情況很少見。無論如何都要多少準備點資料，作為當面溝通的依據，或者連結他處進行線上會議，我想這些是比較接近現實的狀況。所以，在此想先問你幾個問題：

● 你平常進行企畫提案時都會做什麼樣的資料？
● 你覺得一份資料幾張算很多呢？
● 用 PowerPoint 的講義格式居多？還是文件格式居多？
● 做簡報時，會列印資料嗎？還是一邊看電腦一邊用投影機播放？

會問這些主要是想讓你回想一下自身的狀況。接著，比較一下現在要學的內容和自己的現況。如同第一章的是否放寬副業的觀點練習一樣，因為「比較」是有助於深入理解事物的重要途徑。

要選擇手寫還是數位化？

可以超省時完成的紙一張資料製作術由三個步驟組成。

- 步驟一：用手寫來完成紙一張思考整理術。
- 步驟二：填寫紙一張資料的格式（三種）。
- 步驟三：列印紙一張資料反覆琢磨用詞。

第一個步驟是實踐紙一張思考整理術，這一點已在第一章予以解說。現在就舉一個我曾經負責的「公司的海外網頁更新企畫」當作具體案例。

為了推行這項企畫，我必須整理出與網頁更新相關的企畫書向主管及有關部門報告。但我那時沒有立刻製作企畫書，而是先花五分鐘填寫如【圖15】那樣的邏輯版紙一張思考整理術（若五分鐘有難度，延長為十分鐘也無妨）。

步驟一最重要的重點就是：

不要立刻用電腦製作資料，而是先以書寫方式做初步的思考整理。

在你對這個書寫步驟感到熟練之前，最好不要盯著電腦，邊想邊製作資料。無論如何，剛開始先整頓思緒再動工的做法反而最有效率。

為什麼初步的思考整理用「手寫」比較好？

因為人的大腦看紙張時的運作會比盯著螢幕看時更好，所以才會建議你先用書寫方

圖 15　邏輯版的「紙一張」思考整理（手寫）

01/01 ・企業海外網頁更新計劃	為什麼要執行這個企畫？	更新內容的重點？	如何執行？
P1?	目前的運作僅為權宜之計。	使網頁的運作目的更明確。	預計明年三月底問市。
P2?	英文版的定位不明確。	篩選必要的內容來達成目的。	由三家廠商競標來決定配合廠商。
P3?	強化海外發展是公司下一階段的策略。	因應需求製作追加新內容。	設定兩種預算方案。

式梳理想法。關於這點，亦有企業、大學等機構的研究得以證實。簡單來說，即便是相同的訊息，大腦的反應會依據紙媒或電子媒體而有所不同，尤其是專職理解的前額葉皮質對紙媒的反應很強烈。

若你想深入了解，請參考知名兒童教育家暨認知神經學家——瑪莉安・沃夫（Maryanne Wolf，成名作為《普魯斯特與烏賊》）的近期著作《回家吧！迷失在數位閱讀裡的你》（*Reader Come Home*）。

從消費型輸入到投資型輸入

雖然有點離題，不過你正在讀的這本書是「紙本」還是「電子書」？如果辦得到，我希望你試著變換一下閱讀媒介，即「讀紙本書的人換成電子書」「讀電子書的則換成紙本」兩者相互比較一下。

大多數的讀者應該會覺得「紙本更容易吸收」吧？這是因為大腦（前額葉皮質）運作活躍所致。雖然不少人覺得「電子書可以看更快」，但讀得快又能理解到什麼程度呢？或說過了兩三天或一星期之後，到底還記得多少呢？

如果用電子書為例讓你無感，那麼換成網路新聞吧。你還記得自己一星期前在社群網站上看到的網路新聞是什麼內容嗎？相信清楚記得的人並不多，所以就算讀得再快，如果腦中什麼都沒留下的話，只能算是消費型輸入，而非投資型輸入。

如果你同意「用紙本閱讀比較容易吸收跟記憶」，那麼你或許應該利用紙媒做為主要輸入手段而非電子媒體。

我認為只有具備高度思考整理能力的人，才有辦法單憑電子書完成深度閱讀。

或許是我太多慮了，但一般上班族若只是用電子書進行「讀書體驗」，儘管看似讀完了，實際上也沒讀進心裡。所以你不妨仔細想一下，自己是否只是快速讀完，卻沒在大腦留下太多記憶？說得難聽一點，你是否因為嫌動腦麻煩，所以才用電子書了事？

如果只是為了順應數位化時代，想要走在潮流尖端而盲目響應數位化，藉此逃避某些感到麻煩的程序的話，你可能會因此失去某些很重要的東西。若你能藉由本書體驗這份心得，會讓我很開心。

看似完美，列印出來卻漏洞百出

回歸正題，有時候光在電腦上確認完成的資料會覺得「錯漏字都改好了」。不過，還是請你列印出來，用紙本再做一次檢查。這時往往會重新發現錯漏字，甚至還有一些電腦螢幕上看很合理，但紙本上卻很不通順的文句。

相信很多人都有這樣的經驗。那麼，為什麼電腦上看不出來的疏漏，列印後卻檢查得出來呢？沒錯，這就是「大腦看紙本會比看螢幕更活躍」的證明。

如果你能接受上述說法，我想你也會無法完全同意「全程數位化＝有效率」的說法。特別是那種為了「省事」而擁抱數位化的人更須多加留意。確實，對於沒有手寫習慣的人來說這點是很麻煩。但若因為麻煩而迴避重要的事，只會讓自己遠離培養精煉思考能力的機會。

吉卜力工作室的宮崎駿導演，曾在電視上說過一句讓我十分珍惜的話：

「世界上重要的事大多麻煩又費勁。」

紙一張思考整理術其實是一種再簡單不過的方法了。一旦養成習慣，就只是一些不會感到負擔的動作。所以我想請你務必一試，反覆練習前面的資料製作三步驟，挑戰用書寫來梳理想法。

我一開始構思步驟時，就決定要控制在「三個」以內。如果是「七步驟」或「十二步驟」光聽就覺得很麻煩吧。所以只要用「三步驟」、寫「紙一張」，這樣別人應該會願意嘗試這個手法了，希望有成功引發你想親身體驗的興趣。

將日常語句轉化成正式文體

接下來是第二步驟。但其實步驟一等同於完成了八成，因為只要先做好紙一張思考整理，那麼只剩下把資訊轉換成【圖16】的格式就可以了。

雖然簡單到讓人掃興，但步驟二到此結束了。

硬要補充什麼的話，就是填寫時要留意要用商用文書特有的文體來書寫。比方說，你書寫紙一張思考整理時，用的應該都是日常語氣：「哪裡有問題？」「為什麼會這樣？」「以後要怎麼做？」

畢竟手寫階段，用這種口語化短句來表達比較有親切感，而且也能加快思考整理的速度。不過，當轉換成正式文件時就顯得太過隨意了。所以製作正式資料時要記得改寫成較書面生硬的用詞。

●「哪裡有問題？」→「當前課題」「問題點」「認識課題」……
●「為什麼會這樣？」→「課題發生的原因」「要因分析」……
●「以後要怎麼做？」→「今後對策」「因應方案」「解決方向」……
……

在步驟一階段，最好用我們平日在腦中打轉的日常語言來思考。

其後進入資料化階段時，再轉換成適合的商用文體。

紙一張思考整理術的內容在資料化後要如同【圖16】那樣有所改變。

最常應用的「格式」

第二階段會應用到的資料格式一共有三種。

圖 16　完成思考整理並轉化成填入表格的資訊

○○部長及網站部門同仁　　　　　　　　　　20XX年XX月XX日
Web推行小組

英文版網頁更新計劃

1. 更新目的 ← 與Q1對應

要點	説明
① 目前是權宜的運作方式	・目前的英文版網頁（HP）是日本版本網頁運作有空閒時才維護。 ・有多餘預算才會將部份內容翻譯成英文。
② 英文版的定位不明確	最初設置英文網站的只是因為「別人有我們也要有」。 →欠缺策略性規畫，網站定位不明。
③ 公司下一階段的策略是強化海外發展	公司已確定今後要積極拓展海外市場的方針（XX年八月）。 →按公司方針，必須盡快重新檢視英文版網頁。

2. 待更新的內容 ← 與Q2對應

要點	説明
① HP運作目的要明確	・此次強化海外發展的方針主要以法人為對象。 ・不需要像國內市場以BtoC市場為主。 →要徹底更新為以法人為取向的英文版網頁！
② 網頁內容精簡扼要	・因為網頁的訴求對象與日本版大不相同，所以針對法人需要的內容要加以篩減。 ※例：保留「企業概況」，刪除「商品總覽」。
③ 製作、追加新的內容 ※僅限必要情況。	・若需要製作針對法人的全新內容，要討論新的製作規範。 ※「目前內容一覽表」做為參考附頁 ・必要時才進行，要將預算控制在最小範圍內。

3. 後續方向 ← 與Q3對應

要點	説明
① 期限：明年三月底前問世	・明年著手進行，XX年四月前更新完成。 ・新年社長致詞時納入這項主題（也要讓法人負責業務都知道此一計畫）。
② 由三家廠商競標，決定配合廠商 ※以品質和成本兩方面來審查。	・選三家有做過日本企業海外網頁的廠商進行評比。 ・兩個月內決定配合廠商（希望能儘快訂定方向）。
③ 設定兩種預算方案 ＊沒有全新內容：200萬日圓以內。 ＊有全新的內容：300萬日圓以內。 ※日文版的制作成本是500萬日圓。	・評比時也讓各家廠商提案是否需要製作全新內容，以利決策。 ・在年度可以完成的範圍內決定最後的合約金額。

以上

對應藍筆填寫的部份

● 格式一：要點＋明細型
● 格式二：細節略少型
● 格式三：PPT簡報型（微軟的 PowerPoint 簡報軟體）

基本上我會推薦【圖17－1】的「**格式一：要點＋明細型**」。

這個版本最初是以邏輯版紙一張思考整理術的三個問句（手寫）為架構。

接下來，請確認左半邊的「要點」與紙一張思考整理術裡用藍筆寫的部份一致。

換句話說，只要花五分鐘做邏輯版紙一張思考整理術，不論是資料的「主題、架構」，甚至是各項主題的「要點」都能自動確認下來。

接著，在右半邊的明細欄填入詳細資訊就完成了。

圖 17-1 格式一：要點＋明細型

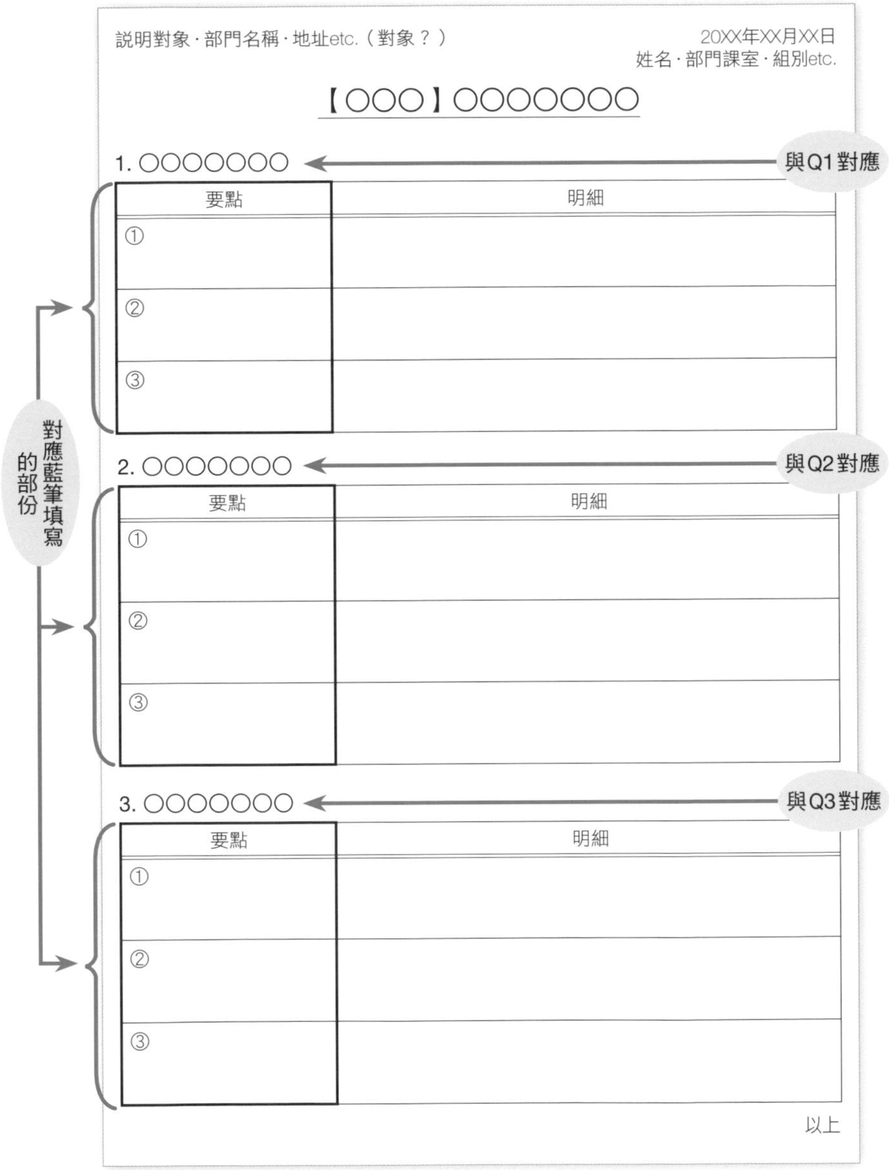
說明對象・部門名稱・地址etc.（對象？）
20XX年XX月XX日
姓名・部門課室・組別etc.
【〇〇〇】〇〇〇〇〇〇〇
1. 〇〇〇〇〇〇〇
與Q1對應
要點
明細
①
②
③
2. 〇〇〇〇〇〇〇
與Q2對應
要點
明細
①
②
③
3. 〇〇〇〇〇〇〇
與Q3對應
要點
明細
①
②
③
以上
對應藍筆填寫的部份

填入內容不多也無妨

剛剛提到「在右半邊的明細欄填入詳細資訊就完成了」，但偶爾也會遇上「沒什麼好寫」的情況吧？

這時【圖17-2】的「**格式二：細節略少型**」就能派上用場。由於明細部分只有一行，版面看起來簡單清爽，所以也屬於常用格式。

格式二聽起來是不是簡單到難以置信？

但日本早已有超過一萬名學員親身體驗過。而且不論哪一種版本都能歸納成一張A4文件，請放心嘗試看看。

另外，所有介紹過的格式你都能利用微軟的Words或Excel軟體自行製作。

圖 17-2 格式二：細節略少型

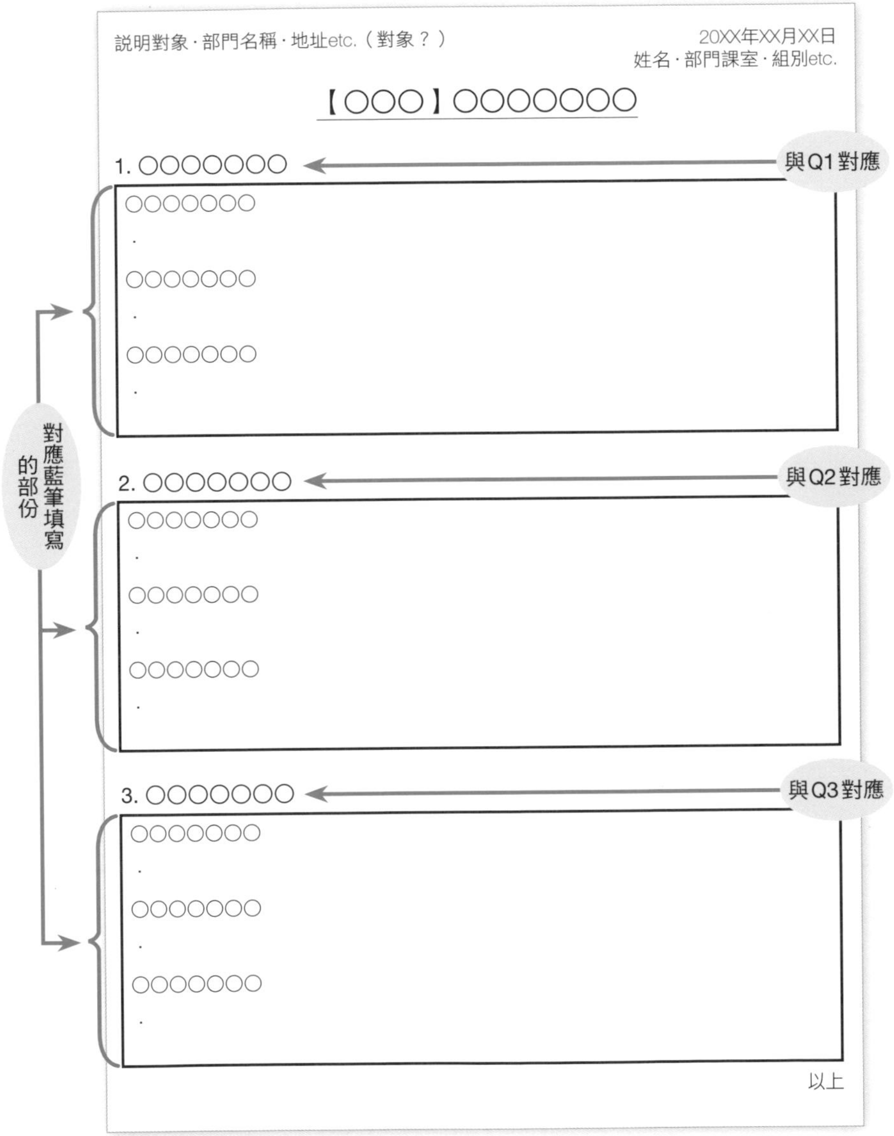

從腦袋空空到言之有物

格式三會用稍微不同的角度來說明，所以我希望你一定要先充份理解一個觀念。前面提到「只要照著填就可以了」，但其實我曾經很討厭這種說詞，而且也很排斥製作表格。很多表格愛好者都強調：「填滿就好了」但我卻怎麼樣都下不了筆。至少這是我二十出頭時的狀況，你是否也有過類似經驗呢？

我左思右想寫不出東西的理由，最後得到一個十分簡單的結論：**我沒有為了下筆填寫做好思考整理的準備**。而做不好的原因是：**沒有真正理解思考整理的方法**。

這就是我想在第一章解決的問題，只要學會紙一張思考整理術，就不會出現「不知道該填什麼」的情況了。

很多在職教育課程都會發給學生表格或範本，表示：「只要填完就好了」。我以前遇上這種講師，都會感到不滿：「唉，我就是不知道要填什麼才來上課的呀……」。沒有相同經驗的人或許很難了解，但正因為在一開始從紙一張思考整理術著手，才能迅速完成步驟二的填寫。如果你也有過這種困擾，請按照本書指引便能融會貫通。

好了，既然說完以A4紙張為主的格式一和二，下面來介紹【圖18】的「**格式三：PPT簡報型**」。如你所見，格式三用的不是一張紙，而是以紙一張思考整理術為基礎衍生出來的投影片，總計十六頁。

關於這一點，時不時會有學員問我：「要怎麼樣才能把資料整理成一張PPT投影片？」

基本上，企圖把所有資料塞在一張PPT投影片中是不切實的幻想。為了釐清這點，我想請你牢牢記住PPT簡報的本質：

PPT簡報的本質是「視覺輔助」（Visual aid）。

所謂「視覺輔助」，正如字面上的含義「visual＝視覺的，aid＝輔助」；而Power Point則可以解釋為「強化（Power）想表達的重點（Point）」。

只要掌握這一點就能明白PPT是用於強調重點的「輔助」工具，而非扮演主角的「主要」工具。

站在台上向眾人說明的主角，是要進行簡報的「你自己」，而ＰＰＴ投影片就是你背後「強而有力的支援」。透過一目了然的圖說、照片或動畫來輔助說明你要表達的內容。為簡報提供「視覺性支援」是ＰＰＴ軟體本來的用途，所以只要能達到這個目的，不論簡報投影片有幾頁都沒關係。

拘泥於「頁數」是因為沒有掌握到ＰＰＴ的本質。

投影片十六張&紙一張，你選哪一個？

然而，現實上有一些人會反應：「我們公司的資料全部都用ＰＰＴ做耶」「如果主管看到我只交出一張格式一或二的資料會火大氣吧？」

事實上還真的有學員告訴我：「曾經被臭罵說怎麼只交一張紙，到底有沒有心工作？」很遺憾，並非所有的職場環境都能讓人依循本質自在工作，一定也有不少工作人的價值觀與本書提到的真正意義有所出入，我十分清楚這點，格式三也是為此而存在。

如果你的公司只接受ＰＰＴ格式……。如果你的公司規定資料左上角或右下角一定要有企業標識等指定樣式……。更甚者，如果你的主管是那種認為資料頁數太少等於偷懶沒做事的人……。

那麼，請用格式三來將紙一張思考整理術產出的結果呈現在 PPT 投影片上吧！或者嘗試將格式三套用在公司的指定樣式中。這麼一來，你至少能做出【圖18】那樣的十六頁資料。

換個角度來看，格式一、格式二的紙一張資料，其實算是濃縮了十六頁投影片的「訊息量和作用」。

紙一張的隱藏版機能：聚焦

前面寫到「訊息量」及「作用」的濃縮。其實，增加投影片頁數是為了達到和紙一張資料一樣的作用。這裡的作用，具體來說意指**不讓全貌失焦**。

請看【圖19】。這是作為「目次」的投影片，雖然其內容只是反映紙一張思考整理的結果，但目次頁不僅出現在投影片開頭，還在整份簡報中出現了三次。

① HP運作目的要明確

- 此次強化海外發展的方針主要以法人為對象。
- 不需要像國內市場以BtoC市場為主。
- 徹底更新為法人取向的英文網頁。

② 網頁內容精簡扼要

- 因為網頁訴求對象不同於日本版，故要針對法人需要的內容加以篩減。
- 例：「企業概況」保留，「商品總覽」刪除。

③ 製作、追加新內容

- 若要製作法人取向的全新內容，要討論新的製作規範。
- 「目前內容一覽表」請參考附錄。
- 必要時才進行，預算要控制在最小範圍內。

內容大綱

1. 更新目的
2. 更新內容
3. 後續方向

12/16

3. 後續的方向有3點

① 期限：明年三月底前問世。

② 由三家廠商競標，決定配合廠商。

③ 設定兩種預算方案。

① 期限：明年三月底前問世

- 明年開始著手進行，ＸＸ年四月以前更新完成。
- 新年社長致詞時納入這項主題（讓法人業務知道相關計畫）。

② 由三家廠商競標，決定配合廠商

- 選定三家做過多家日本企業海外網頁的廠商進行評比。
- 兩個月內決定配合廠商（越快越好）。
- 判定標準：審查品質和成本。

③ 設定兩種預算方案

- 沒有全新內容：200萬日圓以內。
  有全新內容：300萬日圓以內。
  ※日文版制作成本500萬日圓。
- 評比時要求各家廠商提案是否要製作全新內容，以便進行決策。
- 以年度內完成的範圍決定最後的合約金額。

圖 18 格式三：PPT簡報型（＊請從左上方依序讀起）

英文版網頁
更新計畫

20XX年XX月XX日網站推行小組

內容大綱

1. 更新目的
2. 更新內容
3. 後續方向

2/16

1.更新目的

① 目前是權宜的運作方式。

② 英文版的定位不明確。

③ 強化海外發展是公司下階段策略。

---

① 目前是權宜的運作方式

- 目前的英文版網頁（HP）是日本版網頁運作有空閒時才維護。
- 有多餘預算才將部份內容翻成英文。

---

② 英文版定位不明確

- 設英文網站的由來是「別家公司有，我們當然也要有」。
- 戰略策略意義、定位不明。

---

③ 強化海外發展是公司下階段策略

- 公司已確定要積極拓展海外市場（XX年八月）。
- 按此方針，必須盡快重新檢視英文版HP。

內容大綱

1. 更新目的
2. 更新內容
3. 後續方向

7/16

2.更新內容有3點

① HP運作目的要明確

② 網頁內容精簡扼要

③ 製作、追加新內容

※僅限必要情況

在一份簡報反覆顯示目次投影片有什麼作用呢？

主要是可以避免聽眾在聆聽你簡報的過程中一時恍神或遺漏了什麼。

格式一和格式二的紙一張資料有一項隱藏版優點**一覽無遺**。因為資料架構一目瞭然，所以說明流程以及有多少內容都很清楚明白。對方在聆聽你說明的過程中，紙一張資料提供了類似地圖或配置圖的功用。

使用紙一張資料的情況，只要填好表格就會自帶配置圖的作用。但使用PPT簡報就很難做到「一覽無遺」的效果，所以要用其他方式輔助才不會讓全貌失焦。

這就是簡報過程中反覆穿插目次投影片的理由。其實也有人認為「一再重覆很囉唆，不放也罷」但我向來是以本質來判斷各種事物。站在「投影片＝輔助工具」的立場來看，在段落之間穿插目次一事屬於基本動作。

不讓聽眾焦躁的簡報技巧

還有一個重點「投影片要標示編號」，其出發點與「讓人掌握簡報全貌」相似。但不

圖 19 反覆顯示「目次」彌補無法一覽無遺的缺點

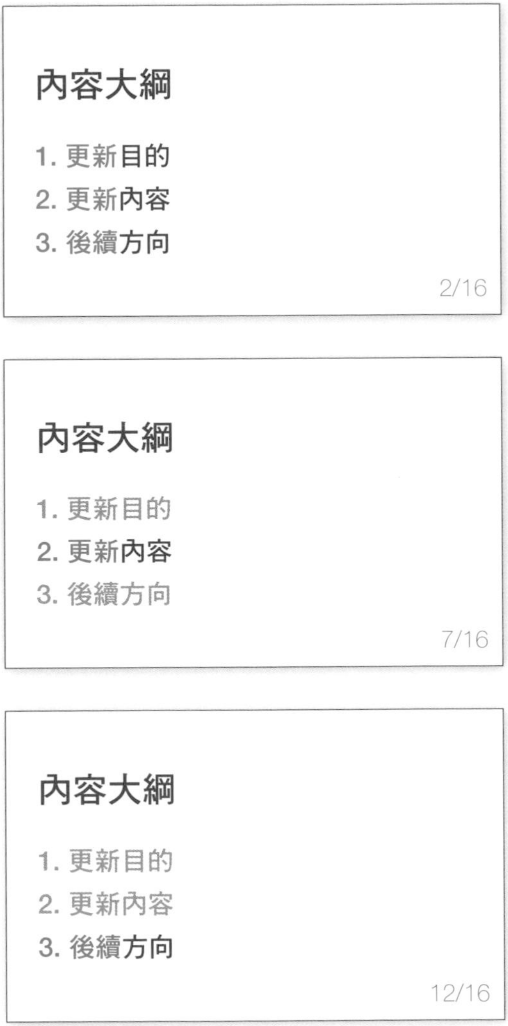

是單純標示流水編號，而**要標示目前全部頁面中的第幾頁**。

相信你一定有過這種經驗：「倒底要講到什麼時候才結束啊……」，為了看不見盡頭的簡報而焦躁不安。

讓你焦慮的原因其實很簡單，因為「投影片上沒有標示編號」「不知道還有幾頁要講」，所以像【圖20】那樣在投影片右下角標示頁碼的做法如何？

這點或許微不足道，但有做或沒做台下聽眾的感受大不相同。如果一眼就知道「現在進行到一半了」或「快要結束了」，自然能免除「無止盡的焦慮感」。

不過，PPT簡報軟體的選項中沒有這種「7/16」（十六頁中的第七頁）的自動編號功能。我一直無法理解為什麼會沒有這項功能，畢竟要手動一張一張編號實在很費事（雖說我以前自己做簡報給主管看時，會多這麼一道工序……）。

其實，只要在三頁目次投影片上標示「2/16」「7/16」「12/16」就可以解決實務操作的問題了。請務必多費點心思，標示出投影片的總頁數。

圖 20 標示「投影片編號」和「投影片總頁數」

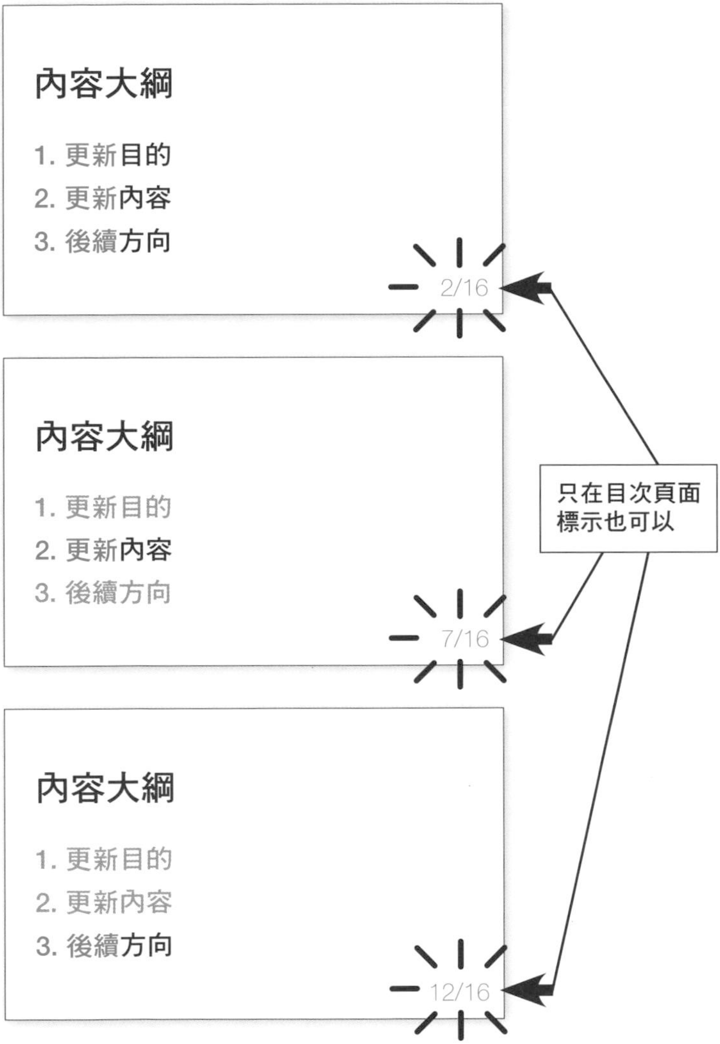

超簡單！視覺輔助技巧

「格式三：ＰＰＴ簡報型」是未經設計的投影片。許多內部有既定ＰＰＴ格式的公司應該都有附上企業標識的樣本。若是這種情況，與其直接套用格式三，不如將紙一張思考整理術的應用到公司的制式樣本中。

不過，作為簡報視覺輔助的ＰＰＴ，真的能靠這個格式達成嗎？當然，這肯比會比單用「口頭」說明更容易表達。所以既然都特地要「讓人看」了，最好做出更好的效果。尤其是公司對外的簡報、洽商或公關活動的場合，直接套用格式三也太過簡單，不足以打動聽眾人。那麼，該如何為投影片加工才具有「視覺輔助」效果呢？

我打算公開自己用了十幾年來固定使用的版本【圖21】，提供大家參考。它的構成要素有下列三個。

「照片」＋「彩色透明遮罩」＋「訊息」。

作法很簡單，下面用三個階段說明：

- 階段一：準備與預計傳達的訊息有關的照片。
- 階段二：將照片貼在投影片上，再覆蓋一層彩色透明的遮罩。
- 階段三：在白底方塊內填入要傳達的訊息，並放置投影片正中央。

用好照片精準傳達

首先是階段一。

準備一張能有效補充投影片訊息、令人印象深刻的照片。從前若不付費很難取得高品質圖像，但如今就算不付費也能找到品質不錯的照片。我經常利用的網站是Pixabay，你可以在上面輕鬆找到商務類型的素材。

再來是階段二。

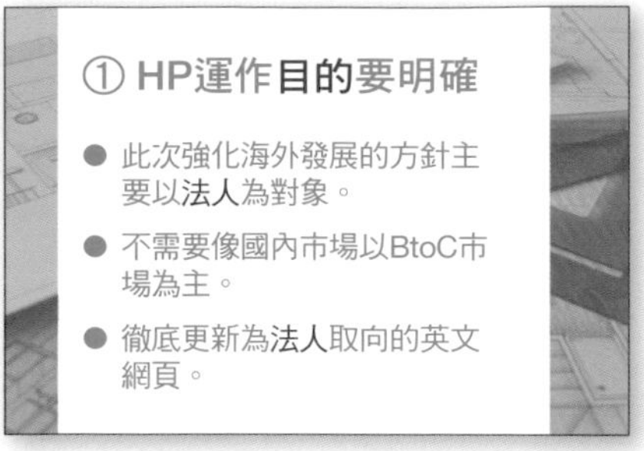
① HP運作目的要明確
● 此次強化海外發展的方針主要以法人為對象。
● 不需要像國內市場以BtoC市場為主。
● 徹底更新為法人取向的英文網頁。

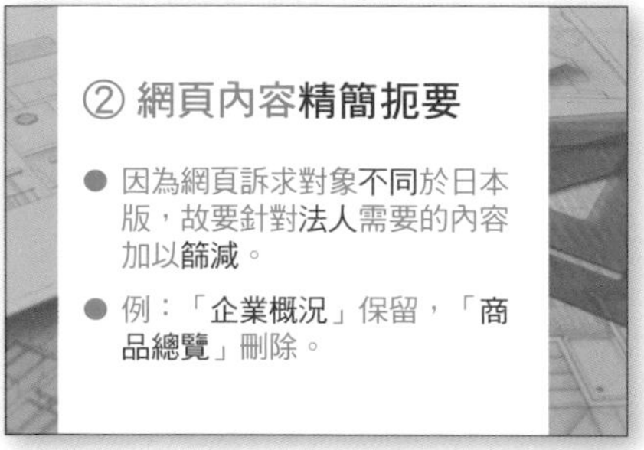
② 網頁內容精簡扼要
● 因為網頁訴求對象不同於日本版，故要針對法人需要的內容加以篩減。
● 例：「企業概況」保留，「商品總覽」刪除。

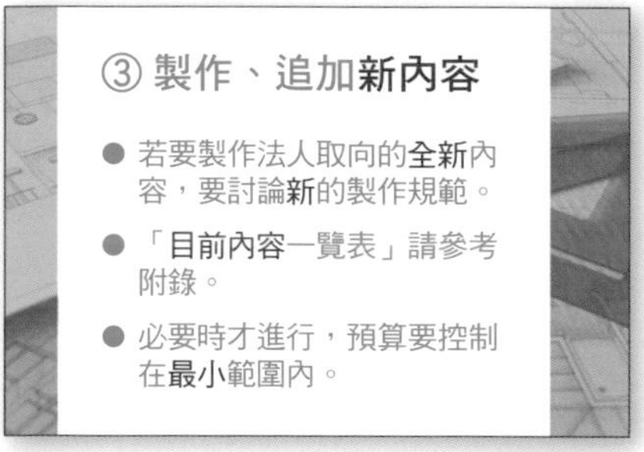
③ 製作、追加新內容
● 若要製作法人取向的全新內容，要討論新的製作規範。
● 「目前內容一覽表」請參考附錄。
● 必要時才進行，預算要控制在最小範圍內。

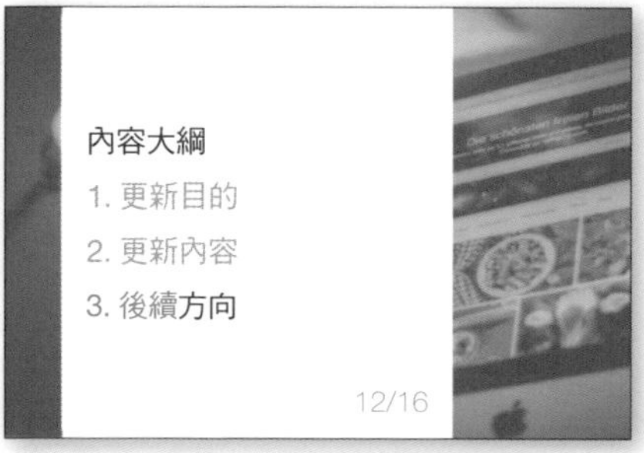
內容大綱
1. 更新目的
2. 更新內容
3. 後續方向
12/16

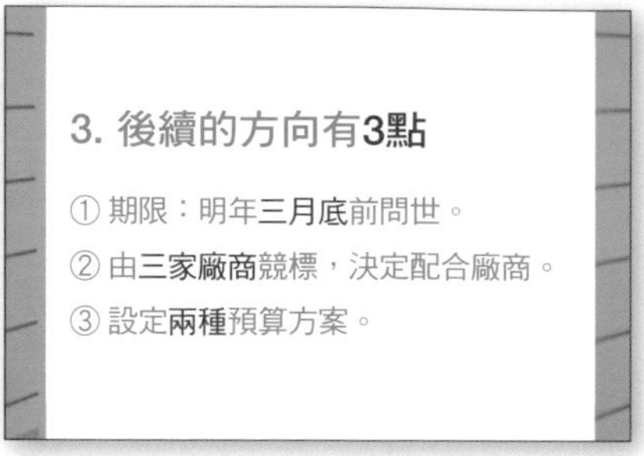
3. 後續的方向有3點
① 期限：明年三月底前問世。
② 由三家廠商競標，決定配合廠商。
③ 設定兩種預算方案。

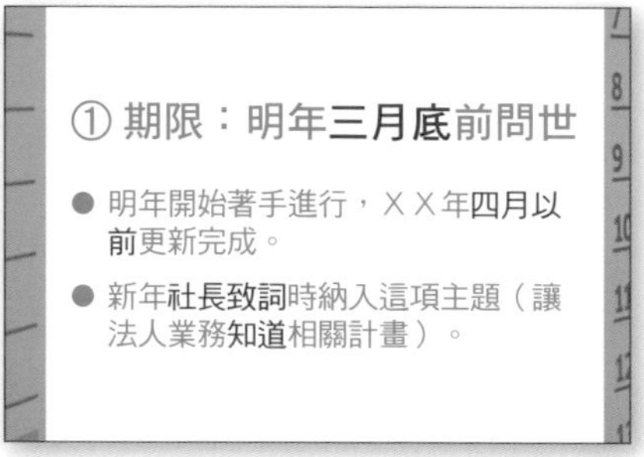
① 期限：明年三月底前問世
● 明年開始著手進行，ＸＸ年四月以前更新完成。
● 新年社長致詞時納入這項主題（讓法人業務知道相關計畫）。

② 由三家廠商競標，決定配合廠商
● 選定三家做過多家日本企業海外網頁的廠商進行評比。
● 兩個月內決定配合廠商（越快越好）。
● 判定標準：審查品質和成本。

③ 設定兩種預算方案
● 沒有全新內容：200萬日圓以內。
有全新內容：300萬日圓以內。
※日文版制作成本500萬日圓。
● 評比時要求各家廠商提案是否要製作全新內容，以便進行決策。
● 以年度內完成的範圍決定最後的合約金額。

圖 21 照片＋彩色透明遮罩＋訊息（＊請從左上方依序讀起）

英文版網頁
更新計畫
20XX年XX月XX日網站推行小組
內容大綱
1. 更新目的
2. 更新內容
3. 後續方向
2/16
1.更新目的
① 目前是權宜的運作方式。
② 英文版的定位不明確。
③ 強化海外發展是公司下階段策略。
① 目前是權宜的運作方式
● 目前的英文版網頁（HP）是日本版網頁運作有空閒時才維護。
● 有多餘預算才將部份內容翻成英文。
② 英文版定位不明確
● 設英文網站的由來是「別家公司有，我們當然也要有」。
● 戰略策略意義、定位不明。
③ 強化海外發展是公司下階段策略
● 公司已確定要積極拓展海外市場（ＸＸ年八月）。
● 按此方針，必須盡快重新檢視英文版HP。
內容大綱
1. 更新目的
2. 更新內容
3. 後續方向
7/16
2.更新內容有3點
① HP運作目的要明確
② 網頁內容精簡扼要
③ 製作、追加新內容
※僅限必要情況

將準備好的照片貼在投影片上、鋪滿頁面。藉著再準備一張彩色透明遮罩，顏色不拘，把它蓋在照片上方。

這麼做的理由是，照片可能會太過搶眼而蓋過文字。但兩者的主從關係應該是以「**訊息為主、照片為輔**」。因此，要用透明彩色遮罩才能突顯訊息，而背景照片也能同時留下視覺印象。

另外還有一個比較現實的理由，剛才提到一個免費素材網站，但品質上終究比付費的略遜一籌，想必也沒多少人有預算購買付費照片（不過也不用太浪費時間在找圖片上），所以才要用透明彩色遮罩覆蓋照片。這樣一來，即使是品質差強人意的照片也能充份發揮作用，達到視覺輔助的目的。

有人向我提出：「開頭先放一張滿版、有衝擊力的照片，之後的投影片再讓文字方塊蓋在照片上不好嗎？」如果你有辦法取得高品質照片，這麼做當然沒問題。但本書希望一般上班族也能輕易實踐，所以才提出平日可行性更高的做法。

最後是階段三。

請在投影片的正中央放置白底的文字方塊，填入要傳達的訊息，以及運用第一章介紹的色彩心理學，用藍色字體而非黑色來呈現文字，而其中特別想強調的關鍵字則用紅色來突顯。

我每個月都會在自己主持的線上論壇發佈三次動畫講義供人參考，而實際使用的投影片也都會公佈出來做為範例。這個線上論壇是以三個月為單位的季度制，設計風格會隨季節變換色調，如【圖22】。有些時候也會選用企業的品牌色彩或其他顏色，畢竟不同狀況適合不同的顏色。請參考網站上的範例，自行試試看吧！

為什麼不該太依賴「圖表」

投影片的視覺輔助法到此告一段落。

前面有提到一個重點，傳遞訊息終究要以「訊息為主、照片為輔」。

事實上，本書介紹的資料都是以「**文字為中心**」。有人曾問我如何製作圖表，但我基本上都會回答：「**不要依賴圖表，盡可能靠『語言』一決勝負**」。

如同前述，我製作資料會限定用紙一張完成，幾乎沒有多餘的空間給圖表，所以必須以「文字為中心」才行。不過，也多虧這一點，我沒有變成**依賴圖表，逃避靠自己精煉思考人**。

主管曾對我一句言猶在耳的話：「圖表為主的資料，容易讓人被表象蒙蔽」正如他所言，視覺輔助是一柄多面刃。

精美圖表往往讓看覺得一目了然。書店也有教人製作精美資料、圖表技巧的書。只要照著做大概就能完成一份效果驚人的資料了。可是，若因此感到滿意，然後停止思考的話就是本末倒置了。

這點指的不只製作資料的人，也包含聽取簡報的對象。著重視覺效果的資料會奪走聽者深思的動機，甚至自以為搞懂了。結果，不論說的人或聽的人都無法進行深入思考。

第一步是精煉思考。如果之後用圖表補強篩選出來的語言會有效果的話，到時再添加

圖 22　用「視覺輔助」營造季節氣氛的範例

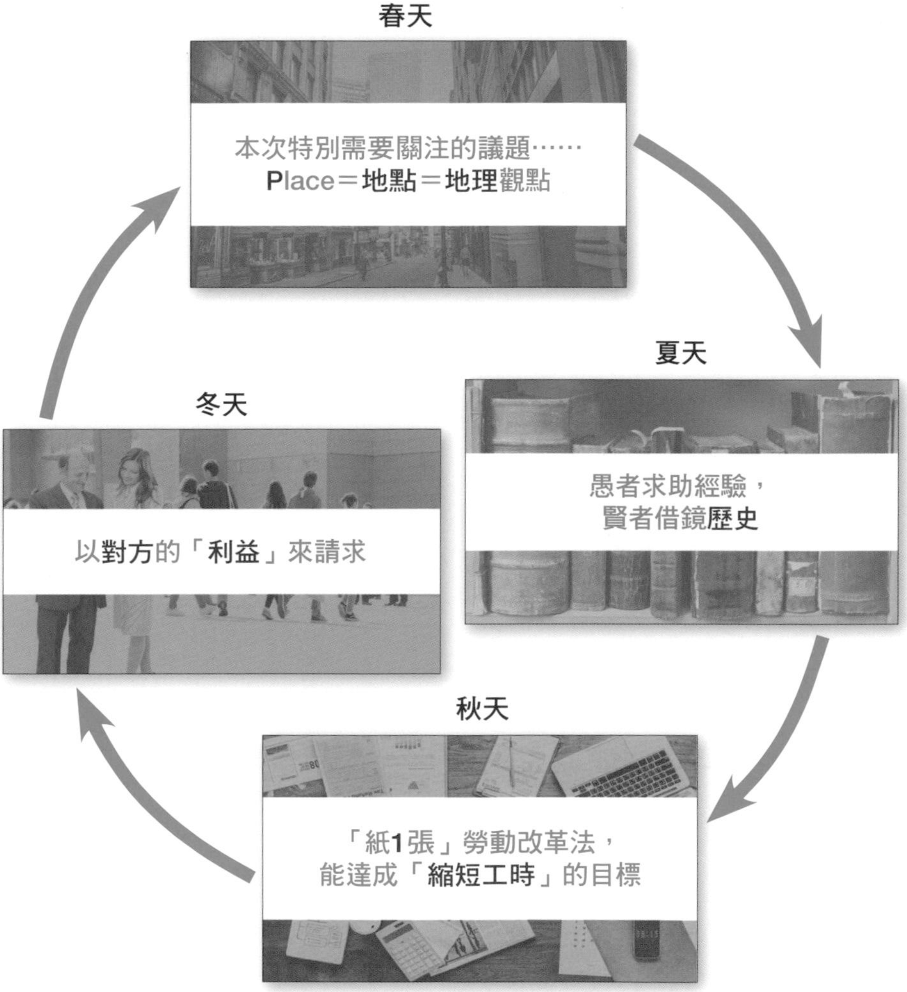
春天
本次特別需要關注的議題……
Place＝地點＝地理觀點
夏天
愚者求助經驗，
賢者借鏡歷史
秋天
「紙1張」勞動改革法，
能達成「縮短工時」的目標
冬天
以對方的「利益」來請求

即可。然而，若你的工作是透過簡報資料來收取高額的顧問費用，自然必須將調查數據製作成簡單易懂的投影片。

我絕對沒有全盤否定圖表的意思，只是想強調優先順序。因為很多人往往在未經思考整理的情況下，就製作用於視覺輔助的圖表。

另外還有一些人，往往只準備沒有任何文字說明的圖表資料發給每個人。當我詢問理由時，對方居然回說：「用嘴巴說明才叫簡報，全部寫下來不就沒東西講了？」

就算是想「主打視覺」也不該因此「依賴視覺」，而是當成一種「視覺輔助」才對。無論如何，圖表都不應該是主角。

應該寫在資料上的是可以從中讀取的訊息，圖表只是輔助、配角。事實上亞馬遜公司（Amazon）因為意識到這個問題，所以不允許開會時使用PPT做簡報。雖然職場生態各有不同，但希望你能奉行用言語一決勝負的資料或簡報。

檢查三步驟，萬無一失

紙一張資料製作法的步驟一和步驟二到此解說完畢。前面繞了點遠路，下面重新整理出完整流程：

- 步驟一：用手寫進行紙一張思考整理術。
- 步驟二：填寫紙一張的資料格式（三種）。
- 步驟三：列印紙一張資料反覆琢磨用詞。

步驟三是列印出紙一張資料，再三推敲文句的程序。如同步驟一說明，紙本比電腦螢幕更容易集中注意力。所以完成步驟二的資料製作時，千萬不能只在電腦上檢查了事，就算麻煩也要列印出來，看著紙本再度確認。

尤其是初期階段，應該會因此發現許多錯漏字。如果只是平日溝通使用，沒有印出來檢查還無所謂，但如果是正式上場簡報前，或年度重要會議上才發現出錯的話呢？

以網路會議為主要溝通形式、直接在螢幕上分享資料的情況越來越多了。若是這種情況，因為與會者的大腦不如看紙本時靈敏，所以不太會發現錯漏字，就算發現了也不會特別注意，所以步驟三不是每一次都得照做。

不過，如果是重要簡報場合的資料，就算你當天不打算發紙本給所有人，也請事先列印出來推敲看看。越能扎實進行這些瑣碎的基本功，越能量產出訊息精準的簡報資料。

列印檢查還有一個很重要的意義。紙一張思考整理術在步驟一時，已經歷過一次手寫作業了。之後在步驟二的填寫過程中，得以再次針對主題做「第二次思考整理」。最後的步驟三，在檢查列印資料時，等同於進行「第三次思考整理」。

總之，藉由紙一張資料製作法的三個步驟，你至少有三次機會可以針對相關主題整理思考。

第一次是「手寫」，第二次是「電腦螢幕」，第三次是列印「紙本」，每一次都能進行不同形式的思考整理。所以每一次都有新發現的可能性。

請你一定要先按照上述順序累積實做經驗。也許這些步驟看起來簡單，但卻是經過縝密規畫而成的，你能輕易看到成效。

以上是紙一張資料製作方法的三步驟解說。最後，我想再次強調：

學會「思考整理」，等於完成八成的「資料製作」。

雖然我針對後半部份做了鉅細靡遺的解說，但這些全是細節和脈絡，上面這一行字才是真正精髓，請務必好好把握。

第三章

紙一張「0秒簡報術」

簡報的本質：不開口也能傳達

下面要進入本書主題「0秒說明」的紙一張簡報。在這之前，我想先明確「簡報」的定義。

一提到簡報，大家通常想到的或許是賈伯斯那種大人物對廣大聽眾發表演說的場合，或者某人談話充滿熱情的印象吧？

不過，你平日做簡報時，實際上需要面對的人數頂多幾十人左右，或者只須面對主管一人。而且以實務來說，站在投影片前向一大群人做簡報的模式一年下來屈指可數，甚至是零。因此，更常見的情況是製作資料向主管說明，或者製作投影片，開線上會議時分享畫面給與會者。所以簡報在本書意指：

簡報＝提案、報告、連繫、討論等事項的總稱。

因為以此定義為基礎，所以各種形式、手段、人數規模的溝通，如：**面對面討論、視**

訊、線上會議、電子郵件、通訊軟體、電話等，都能套用本書介紹的方法。

接下來，如同製作資料和紙一張各有其本質一樣，「簡報」也有其本質：

無聲達標（Silence is Goal）。

雖然曾在前言中提過，但這是我改編「沈默是金」的英文「Silence is Gold」自創的一句話。「無聲（Silence）達標（Goal）」是什麼意思？

簡報的最終目標就是達到「不開口也能過關」的狀態。

這也是我希望所有讀者能達到的境界。

內向型人必備的簡報技巧

我向來推崇豐田的紙一張文化，而且對這個方法的研究、探索和追求甚至到了有點病態的程度。為什麼我會如此著迷呢？因為我曾經是個很「內向的人」。

雖然有點突然，但我想問一下關於牛丼店，你喜歡吉野家還是松屋？我學生時代很喜歡吃松屋，理由無關口味或價錢（兩家售價差不多），純粹只是因為松屋「可以用自動售票機點餐」。

不用和店員交談，就是我偏好松屋的理由。不過，現在已經克服這個心理障礙了，但當年的我就是如此不願與人交談，總是想著：「最好不開口就能搞定」就是我的溝通原則，所以像是學生旅行的預定事項，我也盡量透過網路完成。縱使有什麼不清楚的地方，我也是固執地逃避打電話詢問，沒完沒了地上網查證。

所以對我而言，豐田的紙一張資料製作格式是最棒的企業文化。公司裡許多跟我一樣對開口說話很感冒的人，多虧這點在開會討論時不會兩手空空，而是將紙本簡報當作基本溝通模式。

因為只要把精煉過的想法總結在紙一張上，就算沒說什麼，對方看資料就能達到一定程定的溝通，譬如從資料推敲、理解每一句話、每一段文章中的含義。因為整間企業有很多人具備如此優異的解讀能力，才得以更加茁壯。

讓不擅言詞的人也能把工作做好，就是豐田紙一張文化的精隨。

我去國外出差時尤其能體會紙一張的效果。雖然我喜歡學英文，但我的程度只能簡單說幾句而已，因為「很怕開口說英語」才是真心話。

慶幸的是紙一張文化也適用於豐田的海外據點，所以要做的功課和在日本一樣。只要做出第二章介紹的紙一張資料的英文版，讓對方邊看資料邊做簡報即可，再來就靠對方自行解讀資料內容了。結果，就算我不多做解釋也能完整溝通。

或許有些人會懷疑這樣不足以說服對方，但即使不擅口語表達，只要用誠懇的態度溝通，也能有意想不到的結果。

這點可以用一個心理學理論「失敗效應」來解釋。意指一個人很有可能因為一些笨拙或失誤，而讓他人感到親切，對你產生好感。

凡事都得視情況而定，我偶爾會遇到一些認為「簡報一定要做到完美無缺」的學員。但這種執念只會把自己逼到喘不過氣，得到動彈不得的反效果。有完美主義的人請務必多了解一下「失敗效應」。

當初我的簡報也是從慘不忍睹開始的，後來是反覆練習用紙一張整理思緒、製作資料、進行簡報，幾年下才漸漸克服自己的短處。每次想到，要是我出社會時沒選擇到有紙一張文化的企業上班就覺得冷汗直流。

以上是我個人的經驗分享。如果你和我一樣都是「內向型人」「不擅言詞」「不想開口就能完成溝通」的人，那麼紙一張簡報術就是為你設計的。

「無聲達標（Silence is Goal）」的用意是「就算不開口也能傳達訊息」，所以要怎麼樣才能做到呢？

那就是——**與其「用說的」不如直接「給對方看」**。

「0秒簡報」經驗談之一

雖然我也有過相同經歷，但本書還是想以某位學員A的經驗為例。A參加某個以法人為對象的研討會後，隔天立刻決定要用紙一張來做簡報。他採用第二章中的「格式一：要點＋明細型」來對上司做簡報。

他的主管一開始反應：「這是什麼資料？」但A對主管說：「我特地去學了這個方法，可以先讓我試試看嗎？」取得主管諒解後，A不論是企畫書、報告書、工作進度確認、連絡資料或變更討論表……把所有文件都做成紙一張格式。這些基本動作持續了三個月後。有一天，主管突然拍拍A的肩膀說：「你不用多說了」。

光聽這一句話，A心裡難免七上八下，但知道背後的原由後就能理解了。讓主管看紙一張資料，每次按照其架構進行解說會發生什麼事？

當然，每次報告的主題都不一樣，但不論看資料的人或解說的人都在不斷重覆相同的動作。以主管的角度來看，每次都是格式雷同的資料，聽的又是內容相似的簡報，長久下來，自然會有「就算部屬不一一說明我也明白了」的感想。

所以主管才會對A表示「你不用多說了」。

從那之後，每當A完成資料後，就直接放進主管桌上的待處理文件盒。如果主管或自己出差時，就以電子郵件附件形式寄給主管。等到當主管有時間檢閱文，腦中就會浮現：「這就是A做的簡報」。大略讀過後若沒什麼大問題，就能依資料來判斷案子是否可行；若有疑問之處才會另外找A討論，不論是當面或透過電子郵件。

總之，一旦建立起這樣的溝通模式，面對面討論就不再是絕對必要之事了。原本A來上我的課之前，每次至少都要花三十分鐘和主管討論、確認。而上過課後，A決定採取「給對方看」的紙一張簡報術，現在連十五分鐘都用不上。

因為主管告訴他：「你不用多說了」，所以討論時間變成零。

既然主管沒多問，A就無須多說什麼。只要先給對方看紙一張資料就完成溝通這點，體現了「**0秒說明＝無聲達標**」的目的。

紙一張簡報的優點不只是把洽談時間「從三十分鐘縮減為零」而已。

到最後A甚至可以自己決定何時要製作資料，而且呈送時機也不用受制於主管的行程。因為不用面對面溝通，有時候用電子郵件寄給主管就行了，甚至用通訊軟體分享也完全沒問題。

另一方面，主管也能自己決定何時「檢閱」A的資料，所以也無須配合部屬的時間。

換句話說，**彼此都增加了能自由使用的時間**。

如果這種紙一張簡報能漸漸擴及到小組團隊、再到部門，乃至公司全體的話，想必能夠大幅降低所有人的溝通成本，並且提升整體的工作產出吧。

「0秒簡報」經驗談之二

接著，我要再分享一個B的「0秒簡報」故事。

我曾在電子書中介紹了一些個人的親身經歷，B讀過後說自己也遇上一樣的事情，所以想藉這個機會分享出來。

有一次B因為感冒請假一天。不過，因為當天有一個和其他部門的討論會議，所以隔天上班時他滿心內疚，不料，主管見到他的第一句話是：「B，早安！昨天已經討論完囉」

B嚇了一跳，問道：「說明的部份是怎麼解決的？」得到的回答是：「你的簡報不是都長一個樣嗎，所以C就依樣畫葫蘆解說一下就沒問題了。而且對方部門聽完說明後也一口同意，真是太好了。」

關於這個案子，B僅僅是在休假前一天用郵件把資料寄給主管和C而已。他沒有做任何補充說明，而多虧這個紙一張簡報讓工作得以繼續進行。

能做到這點，純粹是因為B一直以來都是用相同的格式來製作簡報資料。也因為使用「What、Why、How」模式來整理思緒、製作資料，並且將訊息全部歸納在紙一張簡報內「給大家看」，才有了這樣的結果。

我會這麼強調的是因為B感冒抱病在家，但他沒有對這個案子進行過一秒的說明。雖然感冒是不可預知的意外，但案子仍能繼續進行，所以也能算是「無聲達標」的實例。

三步驟完成「0秒說明」簡報

若想像這樣達到「0秒說明」的高效率溝通模式，不靠紙一張簡報術根本做不到。

若要取其精華，可以歸納出以下的三點。

- 第一點：不論主題如何變化，每次都要用「相同模式製作資料」。
- 第二點：每次都按照「相同流程」上台簡報。
- 第三點：一旦聽簡報的人養成習慣，簡報時間就會漸漸「變短」。

紙一張資料的簡報時間，一般而言只需三～五分鐘就夠了。就算再加上後續與對方交換意見的時間，以A的例子來看也只要十～十五分鐘就綽綽有餘了。

或許有人覺得能在「幾十分鐘內解決已經夠短了」，但最終達到像A或B那樣「0秒說明」的境界也是指日可待。

如果你詳細讀完本書，請盡快執行看看。我期待你分享「0秒說明」的心得。

避免電話溝通

紙一張簡報是指「給對方看」的資料，而且要盡量做到「無聲達標」，亦即不開口也能達成目的的結果。

下面以此為基準，排列出各種溝通手的優先順序：

當面簡報＞視訊會議＞電子郵件＞商務通訊軟體＞電話

判斷的基準是「**是否能靠視覺來傳達**」給對方。若以這點來篩選，距離無聲達標最遠的溝通方式為「電話」（包含用通訊軟體進行語音通話）。

你周圍還有人只用電話來聯絡工作嗎？

我有很多出差機會，每次在機場休息室或車站候車室辦公時，常常看到邊講電話邊發脾氣的人。他們看起來像是在用電話報告、連絡、討論些什麼，但因為無法向對方清楚表達自己的意思而焦急上火。

讀到現在，相信你已經知道問題出在哪裡了。問題不在於表達內容，而是「表達者」身上。請記住，無法「讓對方看見」的電話基本上是要盡量避免的溝通方式。

我希望你養成一個習慣，經常去想「如何避免通電話」，同時調整自己日常的溝通方式。以下分享一個我身體力行的做法。

工作時基本上不使用電話。

我的名片上只印了電子信箱，就算有人詢問電話號碼，我也會表示拒絕：「因為沒在用就沒印了」。因為我想讓自己的溝通環境更接近「無聲達標」，盡可能使用郵件而非電話來溝通。

其實，偏好電話溝通的人當中，有不少人工作上欠缺精煉思考的習慣，這點很容易造成時間浪費。當我們工作中被突如其來的電話打斷，聽對方講一堆沒有重點的話，沒有比這更不合理的事情了。話說有時候還會被要求馬上回覆，我根本沒時間準備的答案，連進行紙一張思考整理的機會都沒有。

用電話溝通，就像被猛然推上舞台一樣，沒有相當程度的簡報功力辦不到。如果按本書指引不斷練習，進而讓思考整理能力發揮到相當於「紙0張」的程度，那麼用電話溝通是沒有問題的。

可是，在初期階段，比較保險的觀念是「只靠電話的商務溝通，不論對自己或他人都是百害而無一利」。從前確實有過只能靠電話溝通的時代，但如今時空環境已大幅改變，那種無法「讓對方看」電話模式也該更新了。

電子郵件優於通訊軟體的理由

接下來我們把「電子郵件」和「商務通訊軟體」放在一起說明。若以「**是否能靠視覺來傳達**」為判斷基準，那麼這兩者都符合要求，請列為優先選項。

至於電子郵件為何排名比通訊軟體更前面，主要是從「**呈現視覺化思考整理結果的容易度**」來判斷。

用通訊軟體溝通時，速度是優先考量。雖然正在忙的時候無法立即回覆，但心裡會擺脫不掉想回應的念頭。或說很多工作人都覺得「不回覆不行」。關於這點，我曾在研討會中做過調查，半數以上的學員都有「要即時回應或五分鐘內回應」的時間壓力。因此，用通訊軟體溝通很難做到深入的思考整理，往往輕易便做出回覆了。

現在請稍微回想第一章介紹紙一張思考整理術時練習的「開放兼差主題」。我想有些人「一開始是贊成（反對），但思考整理後卻變成反對（贊成）」的吧？

但凡是「不習慣先精煉思考再工作」的人，要以通訊軟體做為主要溝通工具是有相當難度的。

相形之下，電子郵件可以充份進行思考整理後再回覆。

如果將下頁【圖23】的內容以電子郵件寄出，對方便能透過視覺化內容接收到一定程度的訊息。

然而，很多商管書主張「立即回信是一流人才的共通點」或「延遲回信的人工作表現不佳」。真的是這樣嗎？

圖 23　紙一張思考整理的郵件撰寫範例

主旨：BCP 說明會報告

○○課長

您好。我是○○。

以下是今天上午參加 BCP 說明會後整理的摘要，請您確認。

1. BCP 是什麼？ ← Q1: What?
   - 企業永續計劃（Business Continuity Plan）的簡稱。
   - 發生緊急事態時可將損害減至最低，讓企業得以維續並迅速復原的計畫。
   - 許多大企業都已完成，但中小企業多數仍未建立 BCP。

2. BCP 為什麼重要？ ← Q2: Why?
   - 今是新冠狀肺炎、地震等風險發生機率極高的時代。
   - 等事態惡化再做因應會來不及。
   - 它已逐漸成為客戶、股東以及供應商的評價標準。

3. 如何訂定我們公司的 BCP？ ← Q3: How?
   - 我們公司目前尚無此規劃。
     →咨詢協助輔導制定 BCP 的廠商。
   - 觀摩與我們公司規模相同的企業。
     →排定後續拜訪 A 公司和 B 公司的時程。
   - 五月的營運會議進一步討論，目前先搜集各部門的為意見。

請根據以上內容撥空討論今後的方向，再麻煩您了。

○○　○○（○○　○○○）<○○○○@kyouino.co.jp>

○○○○股份有限公司 第一營業部
郵遞區號162-0845 東京都新宿區市谷本村町○—○○○廣場○樓
（TEL）03-0000-0000（FAX）03-0000-0000
（WEB）https://www.kyouino.co.jp/

電子郵件比電話好的優點在於對方能接收到「視覺化」的訊息。當你花點時間歸納出如【圖23】的版面，對方用看的就能明白你「思考整理後的結果」。

無論如何，電子郵件最大的優勢就是具有**確保思考整理時間的自由**。

對於不習慣精煉思考再工作的人，採用即時通訊處理工作術反而會帶來許多麻煩。「一流人才都會立即回信」的前提是這個人必須完全做到精煉思考才有可能，所以若非如此就不用執著於「即時回覆」了。

事實上，我自己就不會馬上回覆通訊軟體或電子郵件，通常都是保留莫約一天的整理時間再一口氣回覆。

不「即時回覆」反而提高效率

電話是「**同步型媒體**」，電子郵件則是「**非同步型媒體**」。接收郵件和回覆郵件兩者之間無須同步進行，而「不同步」這點即為電子郵件的本質。

「即時回覆」是把電子郵件視為相當於電話的同步型媒體。但我認為電子郵件屬於非同步型媒體，所以信件往返間有時差也是理所當然。

那麼，商務通訊軟體屬於哪一種？如同前述，因為這種溝通方式有速度上的要求，所以要歸類為同步型媒體。但這不代表你不能將電子郵件方式套用在通訊軟體上，你只要找出自己的運用規則就沒問題了。

最簡單的方法，就是向旁人宣告：「除非註明『緊急』或『盡速回覆』，基本上我會保留一天的時間整頓後再做回覆」。如果旁人都明白「這就是他的工作方式」應該也會出現贊同而跟著做的人。或許正因為如今是「隨時隨地都能與人連結」的時代，故而逐漸有提倡「**有權斷絕連絡**」的主張出現。

要用「同步型媒體」還是「非同步型媒體」？這種選擇今後會更加重要，而我認為電子郵件的「非同步」特性應該獲得更多人的認同。

「即時回覆」在工作模式多樣化的現代，真的算是工作能力高強的條件嗎？

不過，我認為「容許時間差＝以尊重自己和對方的時間為前提做好工作」的趨勢會越來越普及，請你務必藉機嘗試看看。

當面簡報和遠距簡報的優點

最後，我想一起說明「當面簡報」與「視訊會議」，這兩者都能輕鬆達成「視覺傳達」的效果，而所有簡報基本上都採用其中之一來進行。

最符合本質也容易執行的就是「當面」簡報。

- 「當面」簡報：

①與對方處在「相同空間」。

②手邊有「列印」的紙一張資料。

③反覆用固定格式的「觀看用」簡報。

前面介紹了A和B的案例就符合當面簡報的條件。在這種環境下不停練習製作紙一張簡報就是通往「無聲達標」的捷徑。也因為讓對方看的是「紙張」而非「電子文件」，所以能在短時間整合資訊、傳遞給對方。希望你的傳達對象能像A和B的主管那樣認可你要表達的訊息。

今後每次做簡報前請考慮「該如何套用某個格式」，剛開始就算不盡理想也沒關係，重點透過每次練習培養精煉思考的習慣。

下面要來試想一下「遠距」簡報的狀況。

例如視訊會議、線上會議或用商務通訊軟體視訊通話功能來進行簡報。

- **「遠距」簡報：**

①與對方處在「不同空間」。

②用「電子設備」來呈現紙一張資料。

③反覆用固定格式的「觀看用」簡報。

前面多次提及，使用電子設備會降低對方的理解程度。然而就現實面來說，這種溝通模式今後只會日益增加。但有一個不容忽略的重點，亦即縱然全程數位化，也不能省去製作資料的步驟。

我在序章一再強調不製作資料會喪失整理思考的機會，而且以簡報的觀點來看，還有一點很重要：**有些訊息要製作成「視覺性」資料才能傳達給對方**。

以手寫進行思考整理，就算簡報時沒把附帶結論的資料給對方看，必定也能增加得到「簡報淺顯易懂」的意見回饋。不過，讓對方看到資料更容易在短時間內將訊息傳達到位。

尤其是遠距溝通本來就會增加雙方理解上的難度，這種情況下若想讓簡報有所成效，預先準備好資料是比較保險的做法。

或許有人認為「要為了線上會議製作資料很麻煩」，但我們已在第二章學到非常簡單的紙一張資料製作方法了。一旦養成習慣，從思考整理到產出資料應該能在三十分鐘內完成。更何況這絕非麻煩的「作業」，這是用來「精煉思考」的重要時間。所以請不要因此省略這個步驟，而是如同與人當面溝通般最好充足的準備。希望我有充分消除你的疑慮，願你打造出適合自己的溝通環境。

下一節將進入實戰方面的解說。

剛才以各種「媒體」為著眼點，現在則以「人數」角度來說明要如何產出一次過關的簡報。以下就介紹幾個實用技巧，請邊讀邊想像自己實踐時的情景。

首先是「**一對一**」的簡報，我想這種情況大部份是向主管提案、報告、連絡或討論的場合。所以很容易進行紙一張簡報，也最適合應用在初期階段。

基本做法就是一邊給對方看完成的紙一張資料，一邊進行講解即可，不過這時可以用三個有助於提高傳達力的「簡報基本動作」。

要在左側還是右側簡報？有差嗎？

可提高傳達力的「簡報基本動作之一」就是**選擇有利的方位談話**。

我想大多數在職場上進行一對一簡報的場合，應該是坐在自己的座位上向對方解說，而非正式的會議桌或會議室。

如果問你：「通常站在對方的哪一側談話」，你會怎麼回答？我想大多數人的回答都是：「從沒想過這個問題」。

這樣真的好嗎？請來想像一下自己聽取他人簡報的情況吧。你偏好說話者在你左側還是右側？相信這麼一問，多數人都能回答自己偏好的方位。

每個人都有自己「**擅長方位**」和「**棘手方位**」。

我學生時代開始就對心理學和腦科學很感興趣，而「**有利方位**」就是我學到的一項見解。只不過當時有很多意見紛歧的看法，有人說「在對方左側說話較好」但也有人主張「不，是右側」。然而，心理學的實驗結果出人意料，因為兩種方位都有相關佐證。所以請你自行測試一下，以親身感受來判斷即可。

順便一提，我自己有利方位是左側，因為我能清楚感到對方在我右側說話時，很難理解對方的談話內容。所以當我聽人說話時，偏好聲音從左側來，參加演講時就會選擇坐在會場右側，這樣才能讓演講者的聲音從左側進來。

想必也有人偏好右側，所以請測試自己的有利方位。然後，你也能調查一下對方的有利方位。譬如這次先在右側簡報、下次換左側，藉此測試出對方的偏好，這樣也有助於提升簡報的過關率。

讓人目不轉睛的「視線管理」技巧

提高傳達力的「簡報基本動作之二」是「手勢」。

向人簡報時要從「有利方位」靠近，此外還要一邊指著對方或自己手上的紙一張資料一邊展開說明。這個動作有什麼樣的作用呢？

讓對方的視線集中在紙一張資料上的同時，專注聆聽你的簡報內容。

我將此命名為「**視線管理**」。聽起來是很誇張，但正因為有效也希望更多人嘗試才如此命名。

你要做的動作非常簡單。舉例來說，你的上司忙得不可開交，你好不容易才抓到行程以分鐘計算的主管進行口頭簡報，但他似乎掛念後面的案件，沒聽進你說的話。

這時很難單靠一張嘴把主管的心思拉回來。不過，若你有帶著紙一張資料來的話，不妨先讓對方看資料，而你的初步「視線誘導」也就成功了。

接著，你開始像下面一樣做簡報：「我想依手上這份資料來討論。首先從第一個框格開始說」然後邊說邊用「手勢」指著主管眼前的資料。

可是，若你跟對方之間有段距離，很難直接用手指時，你可以拿的自己的資料指給對方看，藉此達成「眼到耳就到」的目的

前面介紹的紙一張資料的「框格」其實也有**抓住視線**的效果。如果把視線集中在框格內等於將注意力放在其中的資訊上，也就更容易記在腦海中了。

「**紙一張×框格×手指**」這個組合可以調整簡報對象的狀態，而如果一切順利，之後就算不用手指也無妨。這樣主管就可以從頭到尾專心聽你做簡報了。

微小動作，卻很有效果。我收到許多學員開心反饋：「做了這個動作後，對方真的更專心聽我簡報了」「一個簡單小動作就讓對方好好聽話，太驚人了」。

對時間以分鐘計算的管理階層做簡報時，這個基本動作很有幫助。既然這個小動作毫無風險又極有效益，所以希望你務必試試看。

說話不斷句，沒人聽得下去

可提高傳達力的「簡報基本動作之三」就是「**說話簡潔**」。

接近對方的有利方位、手指著資料說明、抓住對方注意力集中，之後就能順利說明了。不過，若你不擅長簡報，這個說明可能會很嘮叨：「這次為什麼會製作這個企畫的理由有三個，首先第一個是和其他競爭同業相比較時只有我們公司沒做，實務上也有許多客戶詢問為什麼公司沒做而提出要求，再者今年我們有望可以控制預算在範圍內，既然如此當然要做，所以我才會向您進行這次的簡報……」

像這樣喋喋不休，說話沒有斷句。但你其實可以這樣說：

「這次想製作這個企畫的理由有三個。

首先是因為競爭同業有，只有我們公司還沒有。
第二是客戶也提出這樣的要求。
第三是今年有預算可以執行這個企畫。」

自從我架構出紙一張思考整理術並以此授課後，已經過了七年。不過一開始最令我訝異的有一小部分學員「說話永遠沒有斷句」的問題。我以為既然利用框架做了視覺上的區隔，所以簡報時會自然切分陳述段落。

為什麼會這樣？

和眾多學員的談話中，我慢慢了解其實理由只有一個。

對自己講話冗長的事實「沒有自覺」。

當事人認為自己說話簡明扼要，所以自然沒有想改善的自覺。而且就算我指出這項缺點，還會反駁說：「我講得很簡短啊」。遇上這種情況，我會當場「**錄音**」再放出來聽。

若對方聽完後還說：「這不是我吧！聲音聽起來好陌生」時，雖然會讓我不知所措，但就某種意義來說這種反應是「很好的查核點」。

很少聽自己聲音的人。

即使聽了也不知道是自己聲音的人。

因為從來不曾「客觀檢視自己的簡報」，所以不曉得自己說話的習慣和癖好。要是你也認定自己說話簡潔的話，請錄下自己的聲音來聽聽看。

如今只要有一支手機人人都能輕鬆錄音，或者利用語音辨識軟體產出自己說話的用字。這樣你就能「透過文字」清楚知道自己說話是否有落落長的傾向。

不失焦的遠距簡報法

下面來談談「**一對多人**」的簡報情境。

一般來說，大多是五到十人坐在會議室聽取簡報，而遠距會議大概也是這種規模，但出發點永遠都是從本質來思考。

關鍵在於以「無聲達標」為簡報方針，故視覺性傳達是基本動作。由這點來看，簡報時「只準備自己的資料，卻沒發給與會者」的做法就不對了。

也許有人認為「不可能發生這種情形」，但多點連結的視訊會議又如何呢？若是所有人共聚一堂的會議室，每位與會者都拿到資料；然而遠距連線的參加者就得自行列印，因此後者有很高的機率會兩手空空參加會議。

所以若是這種場合，請在一開始就先確認是否每個人手上都有拿著資料。如果其他據點有關鍵人物參與會議的話，最好在事前準備時謹慎應對，例如拜託該據點的秘書設法讓所有人手上都有資料。

越重要的案子就越要徹底遵行「紙本媒體＞電子媒體」的原則。

再來是現場狀況，你可能會以布幕投影片形式進行簡報，或者是跟與會者透過電腦螢幕分享投影片畫面。若是如此，請應用第二章的「格式三：PPT簡報型」來製作投影片。畢竟透過布幕或電腦螢幕分享，就能做到視覺化傳達的說明方式。

那麼，分發資料的環節要如何因應呢？

以畫面共享的情況本來就不會分發資料。至於用布幕投影的場合，我想很多人會直接將簡報用投影片列印出來分發。然而，在倡導無紙化的時代這麼做很不環保，而且這種資料也無法「一目瞭然」，難以發揮資料的效益。所以比較好的做法是：

分發格式一或格式二的紙一張資料給與會者。

歸根就底，畢竟所有資料都是遵照紙一張思考整理術製作而成。唯一的不同僅僅在於是用投影片或紙一張格式來呈現罷了。只要是以「思考整理優先於製作資料」為出發點，那麼不論用何種方式呈現都能輕鬆搞定。

行文至此，或許有人會覺得：「既然終究要做成紙一張資料分發給與會者，那就別做PPT簡報，一開始就用紙一張資料來簡報就好啦！」

確實，很多時候沒必要特別準備PPT投影片。尤其是資料沒有大量使用「視覺輔助」照片，只在公司制式文件上放入文字訊息的情況，就不用特地做成布幕投影片了。因為被「簡報是必須站在布幕前說迷投影片內容」的既定印象綁架，所以才有非做成PPT不可的行為。

常常有人為了連結電腦和投影機而手忙腳亂。如果老是要為此緊張兮兮的話，想辦法改成不用投影片的簡報模式或許是個好選擇。

一眼看出決策關鍵人物

在多人簡報的場合，我還想追加一個重要關鍵。日本有句格言：**「座右銘、座右書，無人能出其右」**。

亦即，坐在右側的人可能是地位較高的決策關鍵人物。

譬如進行洽商簡報時，因為是第一次見面，很難知道對方與會者之間的上下關係和地位。遇上這種情況，你可以從「自己面向對方坐在左側的人地位較高」這一點來判斷，並簡報時積極地目光接觸。

當然，對方也可能只是單純選擇坐在自己的「有利方位」。所以交換名片時，要一面確認職銜一面在最初寒暄中找出對方的從屬關係。

我想很多人不太在意這一點，畢竟簡報本身才是重點。只不過，在這個主軸之外有很多值得你留意的小心思。

最後要談「**面對多數人**」的簡報。例如，與會者超過三十人，甚至一百人以上的規模就符合此類型。這種場合對內大多是全公司會議；對外則多半是公關活動的簡報場合。

基本上，只要應用前面學到的技巧就綽綽有餘了。另外，下面再補充三個簡報技巧。

利用站立位置放輕鬆

第一點，是應用在「一對一」簡報中學到的「有利方位」。

就是當你是以演講者身份上台時「從聽眾角度來看，選擇利於自己的方位」。像左側是我的有利方位，所以我會請人將講台設在能從左側掌握聽眾狀態的位置。這樣一來我在簡報過程會比較容易掌握會場的氛圍，有餘裕確認聽眾的反應。而且這麼做還有另一個重要好處，幫助你**站在一大群人面前也不容易緊張**，相信這也是很多人夢寐以求的狀態。

人會緊張基本上是出於「自我意識過剩」，因為將注意力完全放在自己身上才會緊張。如果反過來把注意力放在對手身上，就能緩和緊張情緒了。

關於這一點，最近發生了一件令我印象深刻的事。

我在一個活動中演講，在演講結束的聯誼會上有一個人來找我說話，我注意到一件事，順口說了出來：「您很喜歡前澤友作先生呢！」

這個人穿了一件印著「Let's Start Today」的T恤。那是前 ZOZO 創辦人前澤友作與 Soft Bank 董事長孫正義出席卸任記者會時穿的T恤。我說完後，對方驚訝表示：「我今天和好幾十個人說話，但淺田先生是第一個注意到的人」。

這場活動聚集了一百多位大量閱讀商管書，十分關注業界動態的聽眾。以這些參加者的水準來說，應該有半數的人知道這件T恤。

然而，竟然沒有人注意到這件T恤，我想理由正是「因為大家都把注意力放在自己身上」所致。

看著對方，談論彼此關心的話題。雖然很簡單，卻因為一味把注意力放在自己身上而做不到。很多人際溝通書中會提到「人只關心自己」，這點確實是人之本性，所以關鍵在於擺脫「自我意識過剩」的狀態。

我之所以對著一大群人講話也不緊張，是因為我會一直在觀察聽眾。如果有人快睡著了，就花點心思轉換話題；如果有人露出「聽不懂」的表情，我就舉出更具體的例子；或者如果有人作勢要脫掉外套，我會判斷是否需要調整會場的溫度。

因為我沒時間把注意力放在自己身上。

這是身為專業教育者、演講者的我在面對日常工作時的真心話。而且簡報時越不緊張的人越能贊同這個論點。這就是「從聽眾角度來看，選擇利於自己的方位」的用意。

「無聲達標」應用篇

第二點是利用「**沈默**」。

作為一個首要前提，參加人數越多的場合，越可能為了響應無紙化或成本考量而不分發資料，而這種情況今後會更加普遍。但如此一來，簡報者就很難用資料和框格進行視線管理，並拉高集中與會者注意力的難度。

有鑒於此，唯一的辦法就是讓人把注意力放在你身上。不過，若你會因此而緊張，就製作PPT投影片，讓眾人的注意力放在投影片而非你身上，這樣你就不用直接面對台下視線了。但這麼一來，要用「手勢」就有難度了。

若遇上這種情況，就用「沈默」來來取代。例如，你可以用下面這句話當作開場白：

「現在，我要開始簡報了……（沉默一下）

等大家把注意力集中到台上後，就馬上開始囉！」

換句話說，**在聽眾的注意力確實集中之前保持「沈默」**。

只要這麼做就行了。如同討厭空白一樣，人也不喜歡保持沈默。尤其是人數眾多的場合。你一沉默，台下觀眾便會會產生「想快點開始」的心情。所以原本在台下講電話、使用筆電的人，也會放下私事朝你身上看。

直到現場所有人的注意力都望你這邊集中前，請保持沈默。這不會用掉多少時間，就算是幾百人會場也一樣，頂多沈默個十秒左右就足以達成目的了。特別是日本人的集體意識很強，所以對於「自己造成其他人困擾」的情況會特別敏感。

雖然用法不太一樣，但這算是另一種形式的「無聲達標」，不是嗎？

觀察自己的表現

最後是第三個技巧，**培養一個簡報時能客觀自我觀察的能力**。

這是相當奧妙的精髓。我反覆聆聽一些優秀簡報者發表的談話後，發現他們都有一個共通點。

假設台下有另一個自己，正在客觀地觀察台上的自己做簡報。

如果你認為有「另一個自己」在聆聽簡報，你的言行舉止會有根本上的改變。你會變得泰然自若，簡報時充滿自信。反之，若沒有做好這項心理建設，會很難發揮前面介紹的各種簡報技巧。

那麼，要如何培養「另一個自己」呢？

將自己簡報時的模樣錄下來，至少要重看十遍以上。

只要這麼做就可以了。

這是一個能輕易錄影、錄音的時代，所以上場前預作演練並不難。演練時把過程錄下來，然後客觀地重覆看個十次以上。如同字面上所示「只要播放出來看」就行了。

為何要建議看十次以上？因為是觀看「自己的簡報模樣」，所以多看幾遍有助於消除壓力。

很遺憾，願意照做的人不多，詢問理由大多回答：「無法忍受觀看自己做簡報的樣子」。可是若你想成為優秀的簡報者，最起碼的條件就是「看自己簡報的模樣卻不會感到壓力」。

我至今仍然會將每次演講的過程錄下來，事後回放來看。因為做了一百次以上，所以現在看到自己簡報的模樣時，完全不會感到不舒服。

沒錯。這麼做就能培養一個「能超然自我觀察的自己」，並發現許多自己的小毛病和小動作，然後逐度改善。

本章不斷強調「視覺性傳達」的重要性，但是在討論「是否有讓對方看資料」之前，其實要先考量的問題是：「**他人眼中的你是什麼模樣**」。

這也是本章試圖深入探討的地方，所以我希望你好好練習一流簡報者都在實踐的基本動作：

錄下自己的聲音和影像，並且「客觀地自我觀察」。

以上三點就是適用於多人簡報場合的技巧。

這也是我經常面對的戰場，而我每天也會應用各種技巧，所以書中收錄了我認為對你最有幫助的一些技巧。

第三章最後，我想說的是要同時實踐全部技巧很困難。請先選一個容易辦到的試試看，哪怕只有一個也行。就算剛開始不順利，也不要馬上「全盤否定」，而是回頭來檢視「哪些部份行得通，哪些部份行不通」。

只要你願意「逐一檢討」行不通之處，自然能發現自己做得好的部份。這時請讚美自己，然後藉由反覆閱讀本書改善沒做好的地方。只要肯練習你遲早會成為優秀的紙一張簡報者。

終　章

從一張回到0張

簡報的最終目標：贏得信賴

謝謝你讀到最後一章，相信你應該能回答出下面三個有關「What、why、How」問題了。

- 什麼是紙一張簡報？
- 為什麼紙一張簡報很重要？
- 該如何實踐紙一張簡報？

不過，還有希望你務必了解的訊息。

我第三章介紹過「無聲達標」這個關鍵字。其中提到要達成這個目標，可以透過「視覺性傳達」紙一張資料」做到，儘管這個陳述本身完全正確，但老實說，這是給「初學者」的答案」。至於「進階版」的答案則是：

不用任何媒介也能傳達的「紙0張」才是終極目標。

因為這個程度比較深，所以我認為不應該一開始就拿出來講。但我希望本書可以被長久使用，而且適用範圍和對象越廣越好，故希望你更深入體會接下來的內容。

關於簡報的本質，我還有一點能與你分享。

所謂簡報，是一種「Presence」。

「Presence＝在場」雖然不容易用中文來說明，但在本書中具有**存在感**、**信賴感**，**你累積至今的形象意涵**。

因此，如果簡報是取決於存在感（presence）的話，那麼下面三個問題，將成為影響簡報成功與否的重要關鍵：

● 你平常累積了什麼樣言行和工作態度？
● 你至今都與簡報對象建立起什麼樣的關係？
● 你有多少足以傳達給初見面對象知道的實績？

如果你的存在本身足以贏得對方的信任，那麼你已經不需要紙一張簡報技巧了。甚至只要開口表示：「我覺得A案比較好」就能取得滿場一致的認同；只要說：「這個商品一定很有幫助」，即使沒有準備任何資料，客戶也會單憑你的一句話買單。

換句話說，你只要發表結論，提案就能無條件過關。如此一來，所有提案、報告、連絡、洽談等工作都能在頃刻間搞定。這就是紙一張簡報的下一個階段，亦即「紙0張」簡報。當然，這點不是一朝一夕就能達到。

然而，如果你工作資歷已達十年以上，請容我問一句：「你有幾位不做簡報也能一次過關的對象？」你能回答的人數越多，代表您透過「精煉思考」幫助的的人以及得到的信賴越多。

反之，如果一個人都沒有的話……從現在起，請你一定要增加可以進行「紙0張」簡報的對象，並且先從實踐紙一張簡報開始做起吧！

對於能進行「紙0張」簡報的對象，你根本不需要多加說明。甚至不用製作資料也能達到完整的溝通。因為對方已經認定「只要是你說的就沒錯」，所以簡報能在最短時間內完成。

順便一提，有一本書《高效信任力》（*The Speed of Trust*）就是使用這句話的濃縮本做為書名（本書作者正是撰寫《與成功有約》的作者史蒂芬．柯維的兒子）。

的確，「**Trust ＝信賴就是高效傳達的源泉**」。

紙0張關鍵：高效信任力

閱讀《高效信任力》已是十多年前的事了。當時因為讀了這本書，我得以精確用文字掌握豐田紙一張文化的精髓。

要想做到單靠「紙一張」就能達成共識的簡報，做簡報的人和聽簡報的人雙方必須要有「trust＝信賴」做基礎。即使照本書方法製作紙一張簡報，一旦雙方之間欠缺信任，想必會有不少齟齬發生。只要心裡存在「照單全收真的沒問題嗎？」的疑慮，那麼我不得不說這樣很難發揮紙一張簡報的效用。

第三章曾分享「0秒」簡報的A和B案例，他們也是和主管建立信賴關係後才辦得到。

「紙一張」簡報有效與否，取決於雙方的信賴關係。

那麼，該如何建立信賴關係呢？答案是平常工作時要不斷精煉思考，然後將其結論歸納成紙一張資料，再以淺顯易懂的方式傳達。

的確，這點很像「先有雞還是先有蛋」的問題，但如果你能孜孜不倦地持續練習，相信單靠紙一張就能一次到位的情形會逐步增加。而且持續累積一段時間後，便能達到「紙0張」也能過關的境界了。

行文至此，我想分享一件七年前的往事。很幸運地，優衣庫（UNIQLO）的網頁上有記載這個跟新宿「BICQLO（必酷）」有關故事（編註：BICQLO是結合家電和服飾的購物商城，是觀光客必訪的購物景點）。

「BICQLO」是由日本知名創意總監佐藤可士和所命名，以下是當時他與優衣庫社長柳井正溝通的過程。

柳井社長突然冒出一句：「必須給這個賣場取個名字，請佐藤先生想一下吧！」但連充滿創意的佐藤可士和都說：「一開始腦中沒有任何點子」。考量到必須讓人印象深刻，思索了兩、三分鐘後佐藤答道：「因為是BIG CAMERA和UNIQLO結合，所以叫BICQLO如何？」柳井社長聽了之後說道：「這個就對了，BICQLO這名字取得好。」

在現場人都以為這是開玩笑。但是經社長再三提起：「BICQLO這名字真讓人驚豔」才得以成案。

這個故事堪稱「紙0張」簡報的最佳實例。

假設是我或你向柳井正社長提案，百分之百不會被採用。但正因為是長久下來累積了好口碑的佐藤可士和，加上他與柳井正建立了良好互信關係，才有這種結果。

從0到一，再從一到0

以人數眾多的簡報來說，在初期階段「簡報內容」關乎溝通的成敗。但步入進階階段時，換成簡報者的「存在感」左右成敗。

換言之，你平日的言行和工作表現。這些長期累積下來的表現，會完全左右傳達訊息的難易度，以及對方的接受度、贊同速度。所以，平常就要多留意自己給人的觀感。

實踐本書的內容有助於你提升「精煉思考的能力」，而這點也是左右你是否有「存在感」的重要因素。

請回想一下本書前半部學到的內容。

經過「精煉」的話語具有「說服力」，而說服力正是一種存在感和信賴感。總結起來就是：

簡報是「存在感和信賴感」，而存在感和信賴感就是「精煉思考的能力」。

你現在應該更能理解為什麼我會在序章感嘆如今「精煉思考的能力」不受重視的現狀了吧？

一旦失去「精煉思考力」，「存在感和信賴感」也會不復存在。

然而，今後的時代要提高「存在感和信賴感＝精煉思考力」會變得越來越難。但隨著數位化發展，不得不在「無紙」狀態下簡報的情況也會越來越多。

這樣一想，商務溝通的未來著實令人堪憂。日本很有可能陷入溝通不良的困境。該如何避免走到這一步呢？

答案就是一定要養成「反覆進行思考整理，做事精煉思考的習慣」。

這是每一個人都能夠做到的事。

閱讀本書之前，你或許都是在「紙0張」的狀況下做簡報。

讀了本書之後，請朝著落實「紙一張」簡報的目標前進。

然後，最終的目標是自帶「存在感和信賴感」的「紙0張」簡報。

雖然需花多長時間因人而異，但無論如何，將來請再次重返「紙0張」的世界，絕對不要安於「紙一張」的世界。

「從0到一」，然後再「從一到0」。

結語

從熟讀、執行到精煉

我學生時代開始就很喜歡看假面騎士系列的動漫，迄今已有二十多年。因為完全沉迷，如今想停也停不下來。雖然不知道什麼時候才會結束，但我想一直看到完結篇為止。話說這種事也能持續二十年以上，也算是讓人吃驚了。

本書撰寫於二〇一九年末到二〇二〇年之間，在這段期間《假面騎士 ZERO ONE》也正在播出。因為是在令和元年開始播出的假面騎士首部曲系列，所以冠上了「ZERO ONE」的名字。另一方面，本書也是我「令和時代的首部作品」，所以我如同自己的事情一樣，非常關心假面騎士製作團隊如何構思「令和時代首部作品」的主要元素。

該團隊公佈的答案是「元年二〇一二數位化」。那部作品中到處充滿了人工智慧（Artificial Intelligence, AI）、奇點（singularity）、深度學習（deep learning）」這些新時代關鍵字。而且整部作品仍以「人類與機械的對決」為主軸，劇情架構簡單到連小孩子都看得懂。

以上是我按照自己想法所做的解釋，而我也試著用相同邏輯看待自己的著作。換言之，我想知道自己的「ZERO ONE」是什麼？用這種不知所謂的手法來製定意象的商管書作者，應該也只有我一個了。於是下面這行字從腦海中浮現。

ZERO ONE＝「紙0張」和「紙一張」

而往後的職場會照下面的劇情發展。

- 隨著近年數位化發展，將有越來越多工作人被要求在無紙化狀態下完成工作，但這點會導致人們的「精煉思考力」變弱。
- 人類能用來對抗數位化的武器就是紙一張簡報。
- 而紙一張簡報的下一步則與「存在感、信賴感」息息相關的「紙0張」。
- 從「紙0張」到「紙一張」，然後再向「紙0張」邁進。

我沒有打算要邊看假面騎士邊構思自己的書，但無論如何我希望自己寫的書要是獨一無二的，如此才不愧是自己令和時代的首部作品。

這真是非常愉快的寫作經驗。

因為日本實業出版社的大野雄樹的提議，本書才得以問世。

我要向他表達由衷的感謝。由於大野先生一直以來都在行銷部門任職，所以本書是他身為編輯的第一本作品。

這本書對大野先生來說也是「ZERO ONE」。

我自己第一本作品問世時也一樣，「ZERO ONE」這名詞給人一種難以形容的不可思議力量。

希望這個充滿「新手能量」的作品能夠成為一股動力，將本書送到更多讀者的手中。

我還要感謝一件重要的大事。

本書是在我照顧三歲兒子和一歲兒子的同時一邊寫的。

雖然過程中面臨了難以騰出足夠時間寫作的困境，但多虧了妻子和眾人的支持，我才能走到現在。

真的很感謝大家。

最後，也讓我對做為讀者的您表達謝意。

謝謝您一路走到這裡。

現代人不看書的情形已經說了好久，但您卻能從頭到尾看完，實在令人敬佩。

「精煉思考、全力以赴、不斷進步」等，本書以各種用詞來不斷強調「堅持到底」的重要性。

您將本書從頭到尾讀完的體驗一定會成為日後的一大財富。

請替自己按個讚吧！

然後，今天起請務必「徹底」實踐本書，為自己展開一個全新的世界。

我衷心為您加油！

令和元年除夕 於京都

淺田卓

國家圖書館出版品預行編目（CIP）資料

0 秒說明！遠距工作！立即見效的紙一張簡報術：Work From Home 的「無聲達標」簡報聖經／淺田卓著．-- 初版．-- 新北市：幸福文化出版社出版：遠足文化事業股份有限公司發行，2021.07
面；　公分
譯自：說明 0 秒！一発 OK! 驚異の「紙 1 枚！」プレゼン
ISBN 978-986-5536-75-6（平裝）

1. 簡報

494.6　　110008763

富能量 Rich 019

0 秒說明！遠距工作！立即見效的紙一張簡報術

Work From Home 的「無聲達標」簡報聖經

説明 0 秒！一発 OK! 驚異の「紙 1 枚!」プレゼン

作　　者：淺田卓
譯　　者：婁愛蓮
責任編輯：林麗文
特約編輯：高佩琳
封面設計：張天薪
內頁排版：江慧雯
印　　務：黃禮賢、李孟儒

總 編 輯：林麗文
副 總 編：梁淑玲、黃佳燕
行銷企劃：林彥伶、朱妍靜

社　　長：郭重興
發行人兼出版總監：曾大福
出　　版：幸福文化／遠足文化事業股份有限公司
地　　址：231 新北市新店區民權路 108-1 號 8 樓
粉 絲 團：https://www.facebook.com/happinessbookrep/
電　　話：（02）2218-1417　傳真：（02）2218-8057

發　　行：遠足文化事業股份有限公司
地　　址：231 新北市新店區民權路 108-2 號 9 樓
電　　話：（02）2218-1417　傳真：（02）2218-1142
電　　郵：service@bookrep.com.tw
郵撥帳號：19504465
客服電話：0800-221-029
網　　址：www.bookrep.com.tw

法律顧問：華洋法律事務所 蘇文生律師
印　　製：通南彩色印刷有限公司

初版一刷　西元 2021 年 7 月
定　　價：新台幣 380 元